COVER
photo:Tomoya Uehara
Hair& Make-up:Arina Nishi(Cake.)

「ゆきふぃるむ」のyukiとは？

こんにちは、ｙｕｋｉです。身長は１５２ｃｍと小柄ですが服が大好き。愛服家としてブランドのモデルを務めるほか、自分のＹｏｕＴｕｂｅ番組「ゆきふぃるむ」で、服や自分の好きなことを発信しています。

書くことは苦手だけど、おしゃべりは大好き。この本では私がおしゃべりするように、好きな服、好きなもの、好きなお店についてご紹介しています。日々のコーデに、少しでもヒントになることがありますように。

yuki の

おしゃれ の キーワード

日々のスタイリングは、テーマを決めるともっと楽しい。例えば、「眼鏡とチェック」なら、最初にチェックの洋服を決めて、それに合う眼鏡やバッグ、靴は？と、どんどんスタイリングのイメージがわいていきます。ボーダー、赤色、花、パン、いちご……私の好きなキーワードをたくさん散りばめて、９つのテーマでコーデを考えてみました。

いちごとストライプ

ハット／La Maison de Lyllis（ラ メゾン ド リリス）、アウター／Barbour（バブアー）、シャツ／CINHO（チノ）、パンツ／and R（アンドアール）、カゴバッグ／Odette e Odile（オデット エ オディール）、靴／JOSEPH CHEANEY（ジョセフ チーニー）

キャスケット／La Maison de Lyllis（ラ メゾン ド リリス）、コート、ヒッコリーパンツ／ともにvm（ヴーム）、スウェット／LILOU + LILY（リルアンドリリー）、バッグ／CLEDRAN（クレドラン）、スニーカー／CONVERSE（コンバース）

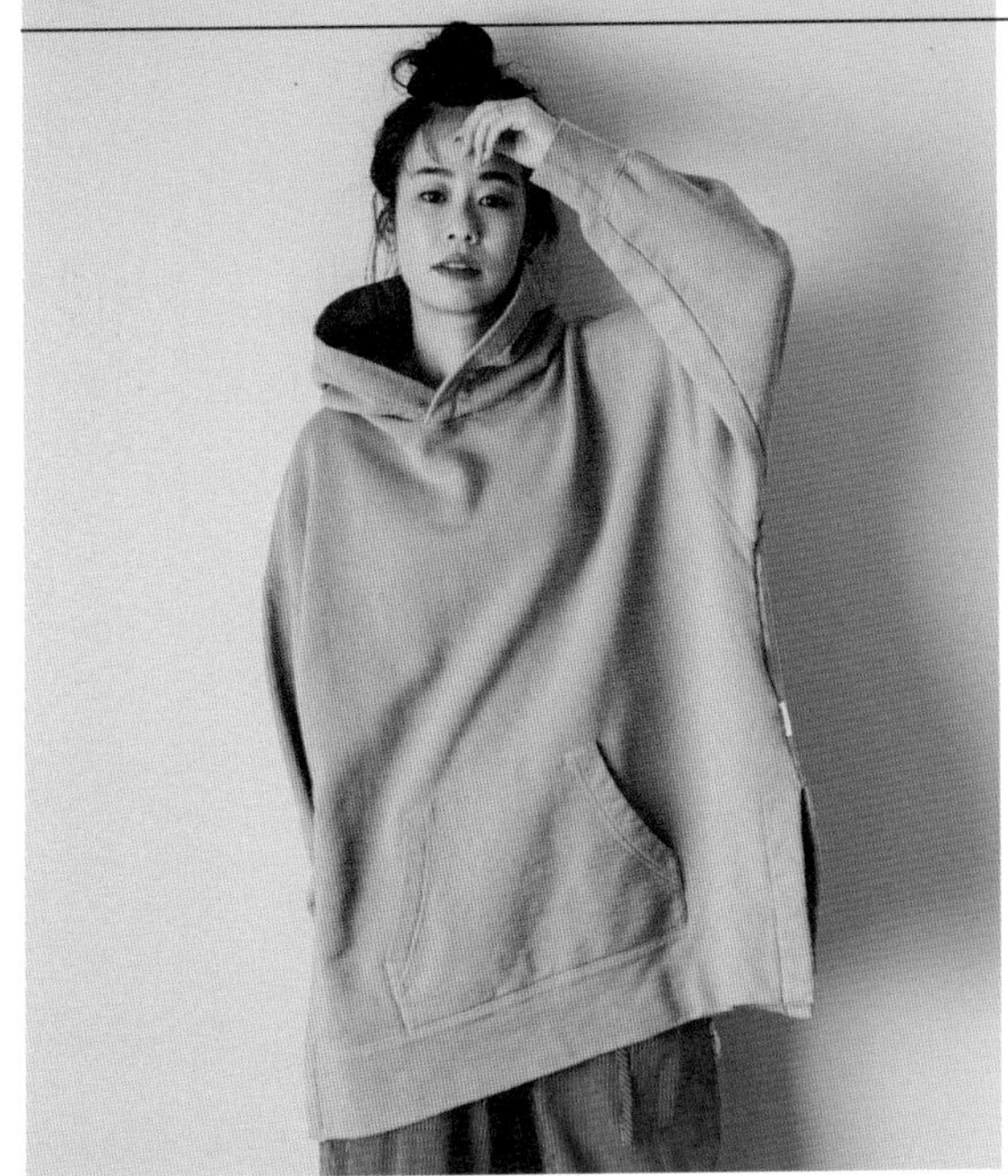

一番好きなフルーツはいちご。いちごみたいな赤やピンクに、さりげないストライプのヒッコリーパンツを合わせたり、さわやかなブルーのメンズシャツもいちごの赤色によく似合う。ふんわりしたワンピースだって。いちごはなんだって受け入れてくれます。

(右) シャツ、パンツ／ともに Traditional Weatherwear (トラディショナルウェザーウェア)、バッグ／ GLENROYAL (グレンロイヤル)、スニーカー／CONVERSE (コンバース) (上) フードパーカ／ nest Robe (ネストローブ)、ヒッコリーパンツ／ vm (ヴーム) (下) ハット／ mature ha (マチュアーハ)、ワンピース、パンツ／ともにオローネ、バッグ／ and R (アンドアール)、バレエシューズ／ Odette e Odile (オデット エ オディール)

眼鏡とチェック

ハット／Kijima Takayuki（キジマタカユキ）、ワンピース／オオカミとフクロウ、バッグ／CLEDRAN（クレドラン）、靴／Jalan Sriwijaya（ジャランスリウァヤ）、眼鏡／MOSCOT（モスコット）

ベレー帽／LAULHERE（ロレール）、カーディガントップス／macalastair（マカラスター）、スカート／O'NEIL of DUBLIN（オニール オブ ダブリン）、バッグ／GLENROYAL（グレンロイヤル）、靴／CROWN（クラウン）、眼鏡／BJ CLASSIC COLLECTION（ビージェイクラシックコレクション）

おじさんみたいな眼鏡とチェックは、ｙｕｋｉのスタイルに欠かせないキーワード。きちんと感のあるチェック柄のスカートやワンピースは、眼鏡をプラスすることで、クラシックな雰囲気に。ちょっぴりおしゃれして、美術館巡りをするのもいいかも。

ジャケット、ワンピース／ともに and R（アンドアール）、バッグ／CLEDRAN（クレドラン）、ブーツ／CAMINANDO（カミナンド）、眼鏡／JAPONISM（ジャポニズム）

フランスパンとボーダー

焼きたてのフランスパンを小脇に抱えて、街を颯爽と歩けば、気分はパリジェンヌ。ネイビーとホワイトのボーダーにカンカン帽を合わせたら正統派、ビビッドなピンクとホワイトなら個性的な甘めスタイル、ブラウンとネイビーならカジュアル、と違うタイプのパリジェンヌを演じている気分。

ハット／Kijima Takayuki（キジマ タカユキ）、トップス／SAINT JAMES（セント ジェームス）、ワイドキュロットパンツ／and R（アンドアール）、バッグ／CLEDRAN（クレドラン）、靴／Jalan Sriwijaya（ジャランスリウァヤ）、眼鏡／BJ CLASSIC COLLECTION（ビージェイクラシックコレクション）、スカーフ／MARGARET HOWELL（マーガレット ハウエル）

(上) トップス／MACPHEE（マカフィー）、スカート／The Virgnia（ザ ヴァージニア）、バッグ／TIDEWAY（タイドウェイ）、サンダル／BIRKENSTOCK（ビルケンシュトック）（下）コート／ichi（イチ）、トップス／SAINT JAMES（セント ジェームス）、ワイドキュロットパンツ／and R（アンドアール）、バッグ／CLEDRAN（クレドラン）

コート／Columbia（コロンビア）、トップス／Traditional Weatherwear（トラディショナルウェザーウェア）、スカート／and R（アンドアール）、スニーカー／CONVERSE（コンバース）

花をまとう

花を飾るのも、花柄を身につけるのも大好き。花屋に行くときには、花によく合うワンピースを着て出かけたい。シンプルでもいいし、花柄を合わせたって、やりすぎにはならないのもいいところ。ふんわりワンピースをなびかせながら、花を持って歩きたい。

ハット／Kijima Takayuki（キジマ タカユキ）、ワンピース／ichi（イチ）、ブーツ／CAMINANDO（カミナンド）

（上）ワンピース／yuni（ユニ）、バッグ／Dakota（ダコタ）、ブーツ／CAMINANDO（カミナンド）（左上）ハット／La Maison de Lyllis（ラメゾン ド リリス）、ワンピース／mizuiro ind（ミズイロインド）、スカート／ichi（イチ）、バッグ／手作り（左下）ワンピース／LILOU + LILY（リルアンドリリー）、パンツ／オローネ、バッグ／kanmi（カンミ）、靴／CROWN（クラウン）

ココとカンカン帽

ハット／OVER RIDE（オーバーライド）、ワンピース／オオカミとフクロウ、パンツ／休日と詩、バッグ／CACHELLIE（カシェリエ）、靴／CROWN（クラウン）

ハット／CA4LA（カシラ）、ワンピース／ichi（イチ）、バッグ／odds（オッズ）、サンダル／Steven Alan（スティーブン アラン）

ハット／Kijima Takayuki（キジマ タカユキ）、トップス／mizuiro ind（ミズイロインド）、スカート／ichi（イチ）、バッグ／CLEDRAN（クレドラン）、靴／CROWN（クラウン）

ココとは、私の憧れている女性でもあるココ・シャネルのこと。シンプルな服にカンカン帽を合わせるのが、シャネルの始まりとも言われているそう。そんなココを私なりにイメージした、白と黒を貴重にしたクラシックなスタイル。ちょっぴりおしゃれしていくような、優雅なお茶を楽しみたい。

ハット／Kijima Takayuki（キジマ タカユキ）、シャツ／ichi（イチ）、パンツ／mizuiro ind（ミズイロインド）、バッグ／GIANNI CHIARINI（ジャンニ キアリーニ）、靴／Repetto（レペット）

犬と赤色

（右）ハット／Kijima Takayuki（キジマ タカユキ）、トップス／nest Robe（ネストローブ）、スカート／and R（アンドアール）、バッグ／CLEDRAN（クレドラン）、靴／Jalan Sriwijaya（ジャランスリウァヤ）（左上）ニット帽／CLIPPER CASUALS（クリッパー カジュアル）、ニット／and R（アンドアール）、パンツ／RNA-N（アールエヌエー エヌ）、バッグ／russet（ラシット）、スニーカー／CONVERSE（コンバース）（左下）キャスケット／La Maison de Lyllis（ラ メゾン ド リリス）、アウター／Columbia（コロンビア）、トップス／and R（アンドアール）、スカート／macalastair（マカラスター）、バッグ／genten（ゲンテン）、靴／Sorel（ソレル）

あなたは犬派、猫派？　私はどちらかというと犬が好き。いつか犬と一緒にお散歩に出かけたいと夢見ています。お散歩コーデを考えていたら、思う浮かんだのは目の覚めるような赤色。ふわふわとした赤のニットは、どこか犬っぽいし、赤色を取り入れたトラッドなスタイルは、まるで英国紳士のよう。

ジャケット、パンツ／ともにTraditional Weatherwear（トラディショナル ウェザーウェア）、トップス／and R（アンドアール）、バッグ／GLENROYAL（グレンロイヤル）、靴／Jalan Sriwijaya（ジャランスリウァヤ）、眼鏡／BJ CLASSIC COLLECTION（ビージェイクラシックコレクション）

トリコロールとデニム

万能なデニムは、どんな色とも相性抜群だけど、赤、白、青の定番トリコロールカラーと合わせるとやっぱりかわいい。スウェットやTシャツ、ブラウス、トップスの合わせ方、着方次第でいろいろな雰囲気にできるから、スタイリングも工夫のしがいがあります。

(右ページ) ベレー帽／LAULHERE(ロレール)、コート／LILOU + LILY (リルアンドリリー)、カットソー／無印良品、スカート／O'NEIL of DUBLIN (オニール オブ ダブリン)、バッグ／Dakota (ダコタ)、靴／Paraboot (パラブーツ)、眼鏡／BJ CLASSIC COLLECTION (ビージェイクラシックコレクション) (上) ジャケット、パンツ／ともに H BEAUTY&YOUTH(エイチ ビューティ&ユース)、トップス／agnès b. (アニエスベー)、バッグ／TIDEWAY (タイドウェイ)、靴／CROWN (クラウン) (中) ハット／Kijima Takayuki (キジマ タカユキ)、シャツ／ichi (イチ)、パンツ／BLACKHORSE LANE ATELIERS (ブラックホース レーン アトリエ)、バッグ／genten (ゲンテン)、靴／Repetto (レペット) (下) ダッフルコート／yuni (ユニ)、スウェット／CIAOPANIC (チャオパニック)、デニム／RNA-N (アールエヌエーエヌ)、スニーカー／CONVERSE (コンバース)、眼鏡／MOSCOT (モスコット)

雨とワンピース

ワンピース／nest Robe（ネストローブ）、靴／Odette e Odile（オデット エ オディール）、傘／Traditional Weatherwear（トラディショナルウェザーウェア）

雨の日だって、濡れたり汚れたりするのを気にせず、好きなファッションを楽しみたい。だから私は、軽やかなワンピースを着て出かけています。お気に入りの傘を手にするだけで、気分もうきうき。どこかに忘れてくることもなくなりました。憂鬱な雨の日も、楽しい1日になります。

（右上）ハット／ Kijima Takayuki（キジマ タカユキ）、ワンピース／オオカミとフクロウ、バッグ／ russet（ラシット）、サンダル／ Steven Alan（スティーブン アラン）、眼鏡／ BJ CLASSIC COLLECTION（ビージェイクラシックコレクション）、傘／ innovator（イノベーター）（右下）ワンピース／ UNITED ARROWS（ユナイテッド アローズ）、バッグ／ CLEDRAN（クレドラン）、サンダル／ Steven Alan（スティーブン アラン）、傘／ Traditional Weatherwear（トラディショナル ウェザーウェア）（左上）ワンピース／ and R（アンドアール）、バッグ／ Dakota（ダコタ）、靴／ Jalan Sriwijaya（ジャランスリウァヤ）、眼鏡／ BJ CLASSIC COLLECTION（ビージェイクラシックコレクション）、傘／ Loiter（ロイター）（左下）コート／ LILOU + LILY（リルアンドリリー）、カットソー／無印良品、バッグ／ Dakota（ダコタ）、靴／ CROWN（クラウン）、眼鏡／ BJ CLASSIC COLLECTION（ビージェイクラシックコレクション）、傘／ Traditional Weatherwear（トラディショナル ウェザーウェア）

夫婦コーデ

夫と何かのアイテムを合わせて出かけるのが楽しい。同じブランドのものもありますが、すっかりおそろいのものは少なめ。同系色や柄、素材で合わせることの方が多いです。スタイリングは私が担当し、「これを着るから、合わせて考えて」というと、夫が自分で考えてくれるようになりました。夫婦コーデでは、さわやかになるよう心がけています。

①ストライプのシャツとデニム、メガネ、革靴を合わせたおでかけスタイル。②テーマはドット柄。シャツとワンピースのリンクコーデ。③「and R（アンドアール）」のＴシャツを色違いで。ハットと眼鏡、チノパンは少しずつ違うデザインや色を選んで。④色のトーンの違うチェック柄をシャツとスカートで合わせても、統一感が出ます。⑤秋冬はアウターの色のトーンを合わせるだけで、アイテム的には何も同じでなくてもリンク感が出て◎。⑥ブラウンのトップスとブラックのボトムスを合わせた、秋色コーデ。⑦ボーダーと白パンツを合わせた、さわやかなコーデ。スニーカー、アウター、眼鏡も合わせました。⑧ベージュのワントーンコーデ。色を合わせるだけでも楽しめます。

COLUMN 1

yukiと家族の話

双子に生まれた私は、3歳下に弟がいる、3兄弟の長女です。私はスポーツが大好きな、活発な女の子。双子の妹とは似ているので、よく間違えられていました。子どもの頃は、性格が似すぎていたせいか、ほぼ毎日けんかしていましたが、今はとても仲良し。妹はとても恥ずかしがり屋で、私がこういう仕事をしているのを驚きつつも、応援してくれています。いろいろ相談したり、かけがえのない存在です。

父は料理人で、とても厳格。怖い存在でしたが、愛情深く、なに不自由なく育ててもらいました。母はとても料理上手で優しく、私の自慢。思春期のときも母にはなんでも話していましたが、父に筒抜けでした（笑）。子どもの頃、母が手作りの服やキャラクターのついたニットを編んでくれて、とてもうれしくてたくさん着ていた思い出があります。

宮城県仙台市に生まれ、29年間過ごした仙台が大好きで、ずっと仙台にいたいと思っていました。結婚後、たまたま夫の転勤で首都圏に越してから、9年経ちます。

夫とは、20歳の頃に出会ってから18年の付き合い。眼鏡がよく似合う人で、眼鏡好きが高じて、今眼鏡屋さんで働いています。夫は、今の私のファッションスタイルにも多くの影響を与えてくれました。出会った頃、私は背が低いことをコンプレックスに感じていました。幼く見えたり、色気がなかったり、コンサバ系の服も似合わない。当時は、ヒールのある靴を履いていて、付き合う人には嫌われないように合わせるようなタイプ。それが一番だと思っていました。ある日、2人でハイキングに行こうという話になり、スニーカーを履いていくと、「小さくてもいいじゃん」と言われて、私は今まで誰に好かれようと思っていたの？と気づいたんです。〝ありのままの自分を受け入れてもらえた〟と感じた初めての瞬間でした。これからヒールを履かなくてもいいのかなと思えたら、気持ちがとても楽になりました。スニーカーに合う服は、もっとカジュアルでもいいな、という感じで足元から着る服が変わっていきました。優しくて楽天家で穏やか。いつも家庭のムードを良くしてくれるところを尊敬しています。

その後生まれた息子は、今15歳。性格は小さい頃から、穏やかでマイペース。小学校高学年から野球に目覚めて、毎朝6時に起きて素振り、夜も欠かさずバットを振っている野球少年です。私の影響かカメラに興味があり、私がインスタグラムに載せる写真も撮ってくれたりします。息子から「お母さん、頑張って！」と言われると、めちゃくちゃ頑張れます。

そんな私は、好きなことには頑固に突き進むところはありますが、周りの目にさほど興味がない、ニュートラルな性格。そのおかげで、少し難しかったとしても「やってみようかな」くらいの気持ちで、新たなことに挑戦でき、今の状況に繋がっている気がします。ネガティブに考えず、いつもその瞬間が一番楽しいと感じることを大切に。いろいろな方に出会い、たくさんの刺激を受け、チャレンジできていることに幸せを感じています。

夫や息子とは、服やバッグ、
帽子を共有するほど好みも近く、仲良し。
いつも応援してくれる家族に感謝しています。

yuki

の

小柄だから

かわいく着られるルール

低身長の人には子どもっぽく見える柄や色、ボトムスの丈感、髪型など、できれば避けた方がいいと言われるアイテムも多いもの。私もダメだと思いこんで、本当にしたいコーデではない服を着ていた時代もありました。たくさんの失敗を重ねてようやく見つけた、小柄な人でもバランスよく見える、yukiのコーデメソッドを紹介します。

ワンピースには

ペタンコ靴

ファッションは足元から。靴選びはとても重要です。TPOに合わせてヒールのある靴を履くこともありますが、ぺたんこ靴でも目線を下げずに体型カバーをすることが、コーデのポイントです。

特に気をつけているのは靴の形。つま先が丸い靴はかわいいのですが、小柄な人が履くと足が短く見えてしまいます。つま先が細くなっているようなデザインのものなら、ぺたんこ靴でも足が長く、きれいに見えます。また革素材を選ぶと、ぺたんこでもきちんと感が出て、甘くなりすぎない。特に、ふんわりとしたボリューム感の長めのワンピースは、甘くなりがちですが、シャープな形の靴を合わせることで、バランスを取ることができます。

ハット／mature ha.（マチュアーハ）、ワンピース／nest Robe（ネストローブ）、スカート／ichi（イチ）、バッグ／CLEDRAN（クレドラン）、サンダル／BARI（バリ）

1. ワンピース／ mizuiro ind（ミズイロインド）、靴／ CROWN（クラウン）
2. ワンピース／ nest Robe（ネストローブ）、スニーカー／ CONVERSE（コンバース）
3. ワンピース／ and R（アンドアール）、靴／ CROWN（クラウン）
4. ワンピース／ LILOU + LILY（リルアンドリリー）、靴／ JOSEPH CHEANEY（ジョセフ チーニー）

ヘアスタイルは
タイトに

YUKI's RULE

ワンピースやワイドパンツ、マキシ丈スカートなど、ワイドシルエットアイテムを取り入れた、ボリュームのあるスタイルが好き。全体のシルエットがゆるっとしているので、ヘアアレンジを変えることでバランスを取りやすく、少しきちんと感も出る気がします。

基本はすっきりまとめたアップスタイル。三つ編みにして毛先までまとめたり、お団子にすることも多いです。帽子をかぶるときもは、低い位置でお団子にしたり、三つ編みに。ダウンスタイルにするときは、ハーフアップにして横に広がらないように。逆にヘアスタイルから洋服まで、全部タイトにすると、逆にバランスが取れなくなるので注意しています。

上げる
帽子で目線を

YUKI's RULE ↑

小柄な人がスタイルが良く見えるポイントは、目線を上げること。上半身にポイントをつくると、全身をすらっと見せることができます。すぐに取り入れておすすめなのが、帽子を使ったコーデ。シンプルなコーデでも、帽子をかぶるだけで視線が上にいくので、すらっと見えておしゃれにまとまる気がします。

季節を問わず、カンカン帽やベレー帽、ニット帽、キャップなど、さまざまな帽子をかぶるスタイリングが好き。シンプルなコーデなら主役にもなります。小柄な人がつばの幅が広い帽子をかぶるのは難しいと言われますが、顔や身長とのバランスを見て、たくさん試着すれば、きっとバランスのいい帽子が見つかると思います。

ハット／Kijima Takayuki（キジマ タカユキ）、コート／vm（ヴーム）、ワンピース／オローネ、パンツ／and R（アンドアール）、靴／JOSEPH CHEANEY（ジョセフ チーニー）、眼鏡／BJ CLASSIC COLLECTION（ビージェイクラシッククレクション）

（右上）ハット／ Janessa Leone（ジャネッサ レオン）、トップス、パンツ／ともに ADAM ET ROPE（アダム エ ロペ）（中上）ベレー帽／ LAULHERE（ロレール）、アウター／ Libra（リブラ）（左上）ベレー帽／ BEAUTY&YOUTH UNITED ARROWS（ビューティー＆ユース ユナイテッドアローズ）、コート、パンツ、バッグ／ともに mizuiro ind（ミズイロインド）、ニット／ Omekashi（オメカシ）、靴／ Libra（リブラ）（右下）ニット帽／ CA4LA（カシラ）、ニット／ Libra（リブラ）、スカート／ fifth（フィフス）、バッグ／ Libra（リブラ）、ブーツ／ Odette e Odile（オデット エ オディール）（中下）ベレー帽／ LAULHERE（ロレール）、ニット、スカート／ともに Libra（リブラ）、バッグ／ CLEDRAN（クレドラン）（左下）ハット／ mature ha.（マチュアーハ）、シャツ／ mizuiro ind（ミズイロインド）、パンツ／オローネ、バッグ／ Odds（オッズ）、サンダル／ BIRKENSTOCK（ビルケンシュトック）

ボトムスにボリュームのある服

小柄だと背の低さが際立ったり、引きずってしまう気がして避けがちなのが、丈の長いボリュームのあるボトムス。特にフレアなデザインは、重たく見えがちですが、そこにこそコーデのポイントがあります。足首までのロング丈なら、縦長のシルエットが作れるので、逆に低身長に見えません。コーデが重くなりがちな秋冬には、コットンなど、軽めの素材のボトムスを選ぶとニットやアウターとのバランスも取りやすいと思います。そのときに、髪の毛をタイトにまとめたり、帽子をかぶることで、視線を上に集めることも忘れずに。

また、トップスとボトムスを違う色にしてメリハリをつけたり、同系色でまとめても、バランスよく見えます。

右ページ
（右上）ハット／OVER RIDE（オーバーライド）、トップス／Traditional Weatherwear（トラディショナルウェザーウェア）、スカート／fifth（フィフス）、バッグ／Odds（オッズ）、靴／SUPERGA（スペルガ）（左上）トップス／Libra（リブラ）、ワンピース／and R（アンドアール）、バッグ／Brady（ブレディ）、靴／Paraboot（パラブーツ）（右下）トップス、バッグ／ともにLibra（リブラ）、ワンピース／mizuiro ind（ミズイロインド）（左下）コート／CASA FLINE（カーサ フライン）、ニット、パンツ／ともにLibra（リブラ）、靴／SUPERGA（スペルガ）、眼鏡／MOSCOT（モスコット）

ハット／Kijima Takayuki（キジマ タカユキ）、トップス／ichi（イチ）、パンツ／and R（アンドアール）、バッグ／genten（ゲンテン）、靴／JOSEPH CHEANEY（ジョセフ チーニー）

メンズアイテムを取り入れる

1
2

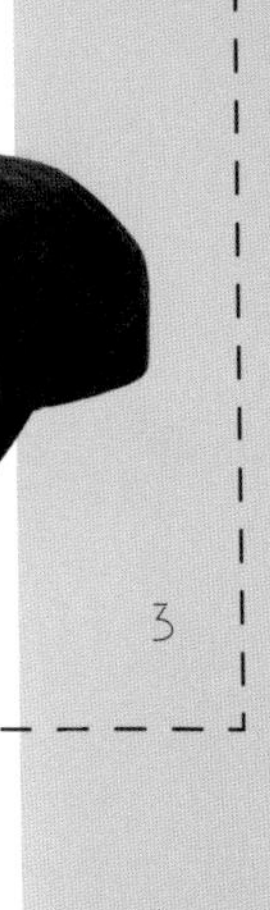

3

1.「HIGHLAND2000（ハイランド2000）」のざっくり編まれたニットキャップは、ユニセックス。2.「BEN DAVIS（ベン・デイビス）」のキャップは、レディースにはなかなかない、ローキャップ（浅かぶり）。丸みのあるデザインが女性にも取り入れやすいです。3.「Traditional Weatherwear（トラディショナル ウェザーウェア）」の厚手のシャツはアウターとして。オーバーサイズで着たいときに。

YUKI's RULE

メンズアイテムには、レディースにはないデザインがあるのが魅力。バッグや帽子などの小物も、ユニセックスなデザインが多く、夫と共有しているものがたくさん。一緒に使うことで、アイテムもコーデの幅も広がります。例えば、ノーカラーのシャツ。レディースのようにラウンドのデザインではなく、首元が締まっていて、着やすいことがあります。着丈は長い方がかわいいと思うし、袖はまくれるものならまくればOK。メンズのボトムスはサイズ感が合うものは難しいですが、トップスなら取り入れやすい。

　メンズアイテムのコーデでは、どこかに女性らしさを取り入れるのがポイント。小物や髪型、メイクでバランスを取っています。

ハット／Columbia（コロンビア）、シャツ／URBAN RESEARCH DOORS（アーバンリサーチ ドアーズ）、パンツ／and R（アンドアール）、スニーカー／CONVERSE（コンバース）

「Champion（チャンピオン）」のメンズのスタジャン。シャツを合わせることで、スポーティになりすぎないような大人コーデに。

ハット／La Maison de Lyllis（ラ メゾン ド リリス）、アウター／BEAMS 別注 Champion（チャンピオン）、シャツ／URBAN RESEARCH DOORS（アーバンリサーチ ドアーズ）、パンツ／Traditional Weatherwear（トラディショナルウェザーウェア）、バッグ／STANDARD SUPPLY（スタンダード サプライ）、靴／JOSEPH CHEANEY（ジョセフ チーニー）

「JOURNAL STANDARD（ジャーナルスタンダード）」メンズの、アラン編みニット。長めの丈感が、チュニックのように着られます。

メンズ展開のストライプ生地を使った「UNITED ARROWS（ユナイテッドアローズ）」のバンドカラーシャツ。オーバーサイズで。

ボーイズに なりきらない

ニット／ichi（イチ）、シャツ／UNITED ARROWS（ユナイテッドアローズ）、パンツ／H BEAUTY&YOUTH（エイチ ビューティ＆ユース）、靴／CROWN（クラウン）

キャップ／BEN DAVIS（ベンデイビス）、ベスト／雨のリュウグウ、シャツ、パンツ／ともに休日と詩、バッグ／genten（ゲンテン）、スニーカー／CONVERSE（コンバース）

メンズライクなコーデが好きですが、メンズに寄りすぎると服に着られている感じになってしまうので、気をつけています。

メンズアイテムには、例えば女性らしい色や柄、少し柔らかみのある素材を取り入れて、バランスを取るようにしています。ベストとパンツといったアイテムは、カットレースのデザインが施されたバッグをプラス、メンズシャツにはリネン素材の柔らかなポンチョを合わせます。また、シルエットをふんわりとさせるのもひとつのアイデア。チュニックっぽく着て、スカートにも見えるガウチョパンツでフレアなスタイルにするなど、どこかに女性らしさを入れると、バランスよくまとまります。

YUKI's RULE

ヘアスタイルや帽子、シャツの色をピンクなどの女性らしいものにしても。

シャツ／BEAUTY&YOUTH（ビューティ＆ユース）、パンツ／and R（アンドアール）、バッグ／BRADY（ブレディ～）、靴／Jalan Sriwijaya（ジャランスリウァヤ）

ワントーンコーデのポイント

YUKI's RULE

（右）ワンピース／Ense（アンサ）、パンツ／Libra（リブラ）、バッグ／genten（ゲンテン）、靴／CROWN（クラウン）（左）キャスケット／La Maison de Lyllis（ラ メゾン ド リリス）、コート、トップス／ともに Traditional Weatherwear（トラディショナルウェザーウェア）、パンツ／URBAN RESEARCH DOORS（アーバンリサーチ ドアーズ）、バッグ／nest Robe（ネストローブ）ノベルティ、スニーカー／CONVERSE（コンバース）

色の組み合わせを考えなくてもいいから楽だと思われがちなワントーンコーデは、色を合わせすぎると悪目立ちしてしまい、意外と難しいもの。一度決めてからやりすぎていないか着て見て、差し引きします。うまくできれば縦のラインを強調できるので、小柄のおしゃれの味方になってくれますが、ぬけ感が大切ですね。

私がワントーンコーデにするときはすべて同じ色ではなく、青も少しずつ違う色を入れ、グラデーションがかかるように考えます。ベージュなどの淡い色のときは、バッグまで外さずワントーンにするのもかわいいなと思います。またニットとコットンなど、同じ色でも素材を変えると立体感が出て、おしゃれに見えます。

（右）ハット／Kijima Takayuki（キジマ タカユキ）、ジャケット／ichi（イチ）、トップス／MACALASTAIR（マカラスター）、パンツ／and R（アンドアール）、スニーカー／CONVERSE（コンバース）（左）ベレー帽／LAULHERE（ロレール）、コート／LILOU + LILY（リルアンドリリー）、シャツ／CINHO（チノ）、スカート／O'NEIL of DUBLIN（オニール オブ ダブリン）、バッグ／GLENROYAL（グレンロイヤル）、靴／Jalan Sriwijaya（ジャランスリウァヤ）

柄ものを取り入れる

ジャケット／H BEAUTY&YOUTH（エイチ ビューティ＆ユース）、スカート／bulle de savon（ビュルデサボン）、バッグ／CLEDRAN（クレドラン）、靴／JOSEPH CHEANEY（ジョセフ チーニー）

YUKI's RULE →

柄ものを取り入れたコーデは、私もまだまだ挑戦中。比較的少ないですが、一回挑戦してみると、意外とマッチすることが多いアイテムのひとつ。最近は積極的に試着して、自分に似合うものを見つけるようにしています。帽子やトップス、スカーフなどの小物に柄やデザインの強いものを持ってきたり、スカートに柄物を選ぶと取り入れやすいと思います。たくさん色の入った柄物は、小物合わせも難しくなりますが、同系色の柄物なら初心者でも取り入れやすいかも。また大きくてインパクトの強い柄は、服に着られている感じになってしまうので、小さな模様の方が小柄の人には向いている気がします。

シャツ／bulle de savon(ビュルデサボン)、パンツ／Libra(リブラ)

1. チューリップ柄がかわいい大判のシルクスカーフ。genten（ゲンテン）2. ワッペンがたくさんついたベレー帽は、シンプルな服のアクセントに。LAULHERE（ロレール）3. 1枚で決まる、フルーツ刺繍のワンピース。LILOU + LILY（リルアンドリリー）

バッグは小さめを選ぶ

小柄の人が大きなバッグを持つと、バッグに持たれている感じになり、その大きさに目線がいきます。背が低いことが強調され、コーデがしづらくなるんです。

だからバッグは基本的にコンパクトサイズ。一番活躍しているのは、ミニポシェットです。一番大きくても、A4サイズのトートバッグ。硬い革のバッグは主張が強いので、小さなサイズなら大丈夫ですが、大きいものは小柄にはNG。やわらかい革の素材なら、そこまで大きさを感じずに見せることができます。

持ちものはあまり多い方ではないので、出かけるときは必要最小限に。買い物などをして荷物が増えるときは、サブバッグで対応しています。

YUKI's RULE

いちばん大きい →

ハット／CA4LA（カシラ）、シャツ、スカート／ともにichi（イチ）、バッグ／Ense（アンサ）、スカーフ／genten（ゲンテン）、靴／Jalan Sriwijaya（ジャランスリウァヤ）

ワンピース／mizuiro ind（ミズイロインド）、中に着たワンピース／GRANDMA MAMA DAUGHTER（グランマ ママ ドーター）、バッグ／CLEDRAN（クレドラン）、スニーカー／CONVERSE（コンバース）

COLUMN 2 yukiが質問に答えます!

普段から、インスタグラムやYouTubeにたくさん質問をいただきます。
できる限りお返事するようにしていますが、
なかなか多くの質問にお答えできないことも。
この機会に、インスタグラムで質問を募集したところ、
たくさん質問をいただきました。そのほんの一部に、お答えします。

Q. 次に髪型を変えるとしたら、どんな髪型にしたいですか?

A. くるくるふわふわのパーマをかけてみたいです。映画『メリダとおそろしの森』が好きなので、主人公のメリダの髪型を真似したいです。

Q. これから挑戦したいファッションは?

A. 見かけだけのファッションではなく、シンプルだけどちゃんとそこに理由があり、良いとされるものを持ち、着こなせるようになりたいです。「ゆきふいるむ」を通じていろいろな方から知識をいただき、自分自身も成長できるよう、これからも頑張っていきたいです。

Q. yukiさんが思う自分らしさとは?そのために心がけていることは?

A. 枠や常識に囚われず、人と比べたり、周りに流されないところ。自分がいいと思ったことを信じるようにしています。でも本当に信用、尊敬できる人の意見は受け入れ、アップデートするよう心がけています。新しい自分らしさをもっと探究したいですね。

Q. 憧れている人はいますか?

A. スタイリストの倉岡晋也さん
男性ですが、スタイリングだけでなく考えに共感できます。美食家でもあり、ライフスタイル全般に憧れています。
「GRANDMA MAMA DAUGHTER(グランマ ママ ドーター)」デザイナーの宇和川恵美子さん
まだ知り合って間もないですが、洋服のセンス、着こなし方、話し方、謙虚な考え方、すべて参考にしたいと思っています。

Q. いつも同じような服装にならないよう、上手く着回しをするポイントは？

A. 靴とバッグの、色や種類の方向性（黒系や茶系、レザーやナイロン、クラシックかアクティブなど）を整理しておき、そこから広がるファッションの軸をいくつか持っておくようにしています。

Q. 服を買うときのマイルールは？
買うか買わないか迷ったとき、
大切にしているポイントは？

A. 丈とサイズ感は必ずチェック。マキシ丈ワンピースやワイドパンツが好きですが、必ず引きずらない丈を選びます。デザインが気に入っているのに丈の長さが合わないものは、必ず丈詰めをしてもらいます。買うかどうか迷ったときは、ときめくかときめかないかという直感を信じます。ときめいたら即決するタイプです。

Q. 得意料理は？
ごはん作りで心がけていることは？

A. 豚の角煮が得意。子どもが好き嫌いしないよう、母から教えてもらった料理のひとつです。私自身も父と母に好き嫌いがないよう、いろいろなことに感謝して食べられるように育ててもらいました。そのときに父と母が考えていたことを思いながら、ごはんを作るように心がけています。

Q. 洋服はどのくらい持っていますか？
クローゼットの収納は
どのようにしていますか？

A. 全部で200着くらいあるかもしれません。洋服がかなり多いので、ニット以外は出し入れが楽なハンガー収納にしています。
小物やバッグは、どこに何を入れているかわかりやすいように、クリアケースに収納。
ハットなど型崩れするものは、中にあんこを入れて収納しています。

Q. 着なくなった服は
どのようにしていますか？

A. トレンドファッションではなく定番アイテムが多く、家族でも共有しているので、着なくなった服はあまりありません。ワンピース系は、妹や母に譲ることもあります。

Q. 自分に似合う髪型や洋服、
メイクをどうやって見つけていますか？

A. 昔はマッシュヘアがトレードマークでしたが、ロングヘアにするとアレンジができるのでバリエーションが広がり、服もいろいろなコーデを楽しめるようになりました。今は仲良くしているヘアメイクさんに、トレンドやおすすめのメイク道具を教えてもらっています。服はストライクゾーンが広いので、いろいろなものを試しています。「お店図鑑」でお店に行くと、とても刺激になります。

yuki

を

つくるもの

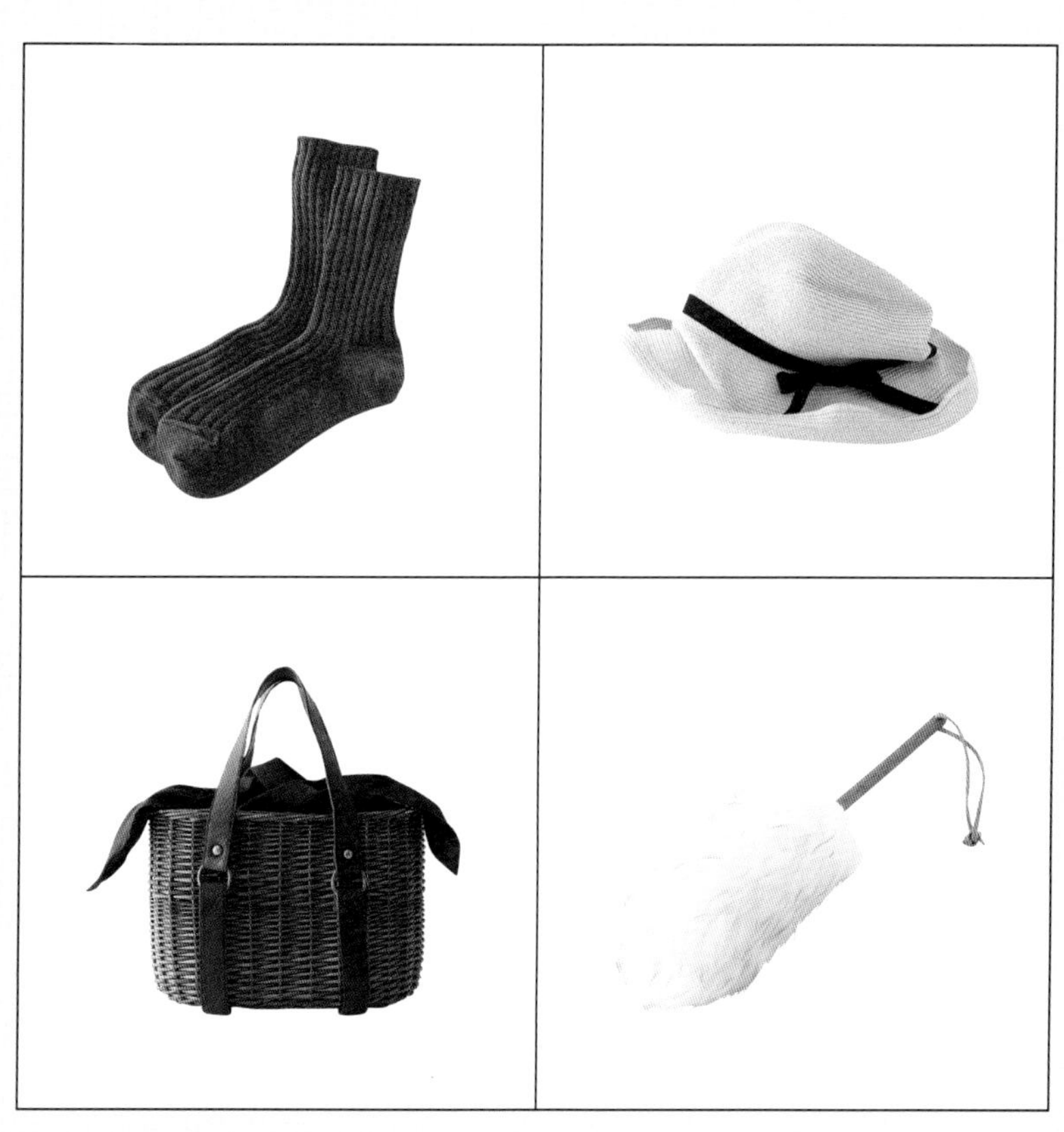

好きなものははっきりしていますが、好奇心が旺盛なので、季節ごとにスタイルを変えて、ナチュラルなもの、メンズ要素のあるもの、いろいろなジャンルのアイテムをブランドにこだわらずに身につけてみたいと思っています。そんな私の暮らしには欠かせない、ファッション、美容、暮らし、リラックスグッズまで、愛用品を紹介します。

SPRING 春のもの

①

「La Maison de Lyllis（ラ メゾン ドリリス）」のリネンハット。シンプルだけどきちんと感があって、大人っぽい服にも合わせやすいです。

②

「MHL（エムエイチエル）」と「CONVERSE（コンバース）」のコラボスニーカー。すっきりとしたシルエットのスニーカーは、バランスよく履けます。

③

「Pal'las Palace（パラス パレス）」のシルクスカーフ。柄と色の出し方で違う印象に。髪やバッグに巻いて。シンプルなコーデと相性ぴったり。

④

「and R（アンドアール）」のカーキ色のバルーンパンツ。ミリタリーっぽいですが、形がころんとしているのでメンズっぽくなりすぎず便利です。

⑤

「nest Robe（ネストローブ）」のリネン近江晒しラッフル袖 2way ブラウス。前後で着られて、大人っぽいラッフル袖がポイントになり、出番の多い1枚です。

⑥

春の肌寒さをカバーしてくれる、「ichi（イチ）」のリネンポンチョ。リネンなので、夏にかけてノースリーブの上に着られて、使える期間が長くて重宝。

⑦

大好きなショップのオリジナルエコバッグを愛用するのも、楽しみのひとつ。「nest Robe」のバッグは、1泊旅行できるくらいの大きさで便利。

⑧

フランスを代表する、「ORCIVAL（オーチバル）」のマリンTシャツ。ホワイトとさわやかなブルーのボーダーは、春らしさを感じられます。

色や素材を変えて、春らしさを満喫

春は、新しいことに挑戦したくなる季節。ファッションにも新しいアイテムを取り入れたくなります。淡い色合いのふんわりしたピンクやブルーなどのパステルカラー、ベージュなどのヌーディーカラーはもともと好きな色ですが、普段よりも積極的にコーデにも取り入れたくなります。

アイテム的には、冬から春になるにかけて重めのコートから軽アウターになり、中にはシャツワンピースやTシャツ素材のワンピースを合わせることが多くなります。素材もぐっと軽やかに。ニットが中心だった冬から、春先にはリネンやコットン素材の洋服を身につけることが多くなり、ナチュラルなスタイルに切り替わっていきます。アウターがなくなったことで、なんとなくスタイリングに物足りなさを感じるときは、ポンチョなどの羽織ものや、色柄がアクセントになるスカーフなどが役立ちます。リネン素材なら夏にも重宝し、長い期間使うことができます。

これらのアイテムに、これからプラスしたいのはアクセサリー。透明感のあるガラス素材、作家さんのデザイン性の強いアクセサリーなどは、シンプルなスタイルのアクセントにもなり、いつものコーデに新鮮さを加えてくれる気がします。

夏のもの　SUMMER

①
小型のハンディ扇風機は、夏場にバッグの中に常にしのばせているもののひとつ。USBによる充電式で、首から下げることもできます。

②
昔からずっと持っている「Ray-Ban（レイバン）」のサングラス。フレームがベージュなので、白などのワンピースにも合わせやすい。

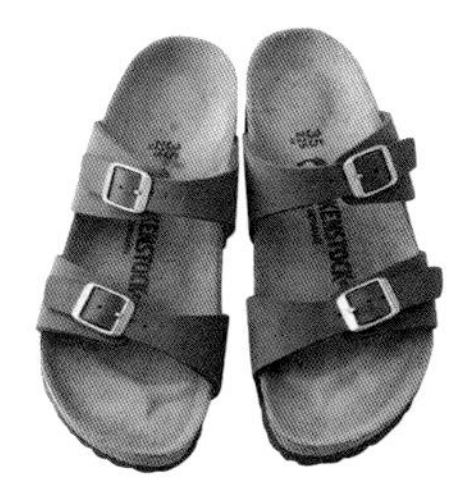

③
夏の定番「BIRKENSTOCK（ビルケンシュトック）」のサンダル。グリーンのストラップが重くなりすぎず、黒、茶系のどちらのスタイリングにも。

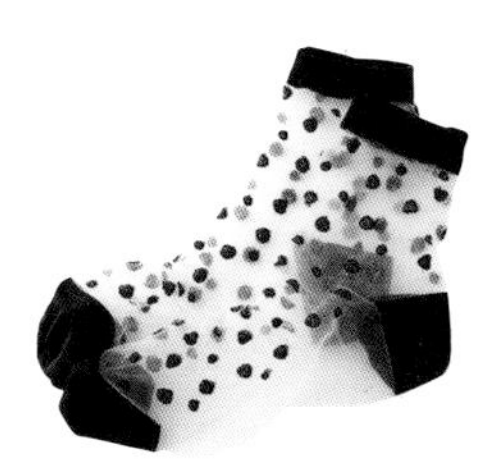

④
「靴下屋」で購入した、シースルーのソックス。ドットが浮かぶようなデザインがかわいいので、シンプルなコーデのアクセントにもなります。

⑤
「mature ha.（マチュアーハ）」定番のBOXED HAT。形を変えてかぶると、表情をつけることができます。平たくたたむことができるのも便利。

⑥
「TIDEWAY（タイドウェイ）」の扇子。レザーのケースに入っていて、大人っぽい雰囲気。大きな風がほしいときは、扇子の方が涼しく感じます。

⑦
「Satellite（サテライト）」のクリアトート。かばんの中が見えるので、涼しげな印象。夏にひとつ持っておきたいアイテムです。

⑧
上質で着心地のいい、スコットランド「macalastair（マカラスター）」のサマーニット。落ち着いた色で秋まで着られます。

暑くても、涼しく過ごせるアイテム

夏は、見た目からさわやかにすることがテーマ。季節感のある素材で、ブルーなどの清涼感のある色、透け感のあるアイテムを身につけるよう意識しています。私は季節ごとにスタイルが決まっていて、夏はメンズライクなスタイルがあまりイメージができないので、軽やかなワンピーススタイルがほとんど。ワンピースにはレギンスではなく、薄手のパンツを合わせて、ボトムスにボリュームをつけるスタイルが多いです。バッグはレザーではなく、かごやなどの見た目にも軽めのものを合わせるようにしています。重くなりすぎない色、ワンピースにも合わせやすいアイテムがこの季節は活躍してくれます。

できるだけ日焼けをしたくないので、露出は少なめに。少し長めのブラウスを着て日差し避けにしたり。半袖Tシャツはあまり着ることはありません。もちろん帽子や日傘も欠かさずに。特にロケのときは汗によるメイク崩れが気になるので、扇風機や扇子などの小物は常に持ち歩くようにしています。日焼け止めは、クリームタイプだと服についてしまう心配があるので、均等に塗れるスプレータイプに。髪の毛にも使えるので、日焼けによる傷み防止に使っています。

AUTUMN 秋のもの

①

「TIDEWAY（タイドウェイ）」のボストンバッグは、「ゆきふいるむ」の企画・お店図鑑で購入したもの。ヴィンテージ風のデザインがお気に入り。

②

子ども服ブランド「eLfinFolk（エルフィンフォルク）」と「CA4LA（カシラ）」のコラボハット。カンカン帽でも黒色なら、オールシーズン使えて便利。

③

「Repetto（レペット）」のストラップシューズは、私の唯一のヒール靴。ヒールのある靴を持っておくと、きちんとした場にも使えます。

④

「Libra（リブラ）」の赤い靴下。コーディネートがシンプルだったり、ベーシックなときは、靴下でアクセントをつけるようにしています。

⑤

「MARGARET HOWELL（マーガレット ハウエル）」のシルクスカーフ。ペイズリー柄なので、カジュアルにも使えます。

⑥

「BEAUTY & YOUTH UNITED ARROWS（ビューティー&ユース ユナイテッドアローズ）」のマキシスカート。フロントボタンとチェックのバランスが◎。

⑦

「Traditional Weatherwear（トラディショナル ウェザーウェア）」のボーダー BMB。ボディが肉厚で、長い間一軍のアイテム。

⑧

「and R（アンドアール）」のハイネックバックスリットニット。背中にスリットが入っていて、前後で着られる2WAY。使い勝手がいい一枚。

秋によく合う色を身につけて

秋はファッションの変わり目。夏のワンピーススタイルから、メンズライクなスタイルに移っていきます。引き続き、シャツワンピースなどをメインにレイヤードしつつ、素材を少しずつ厚手にしていくと、自然とスタイルチェンジがしていける気がします。色も徐々にダークトーンにして、差し色に深みのある赤やオレンジ、黄色などの暖色系のアイテムを入れるなど、紅葉に映えるような色使いを選ぶことが多くなっていきます。まだまだ暑い日も続くので、夏の雰囲気を残しつつ、例えば麦わら帽子の色みをダークトーンにしたり、靴は革靴でも抜け感のあるストラップシューズにしたり、小物から少しずつ季節感を取り入れるようにしています。

秋口からは、サンダルやスニーカーから革靴に変えていくタイミング。靴とバッグの素材を合わせると、ぐっと秋らしいスタイルになる気がします。まだアウターは着ない季節なので、夏らしくなりすぎないように、秋らしい重たさを少しずつプラスしていきます。チェック柄のマキシスカートをシンプルなトップスと合わせたり、茶色のボーダーカットソーでスタイリングにおしゃれ感を出したりすると、ぐっと秋っぽいスタイルになります。

冬のもの　WINTER

①

イギリスの老舗「Brady（ブレディ）」のミニトート。レザーの縁取りなど、きちんと感もあり。ギンガムチェックがポイントに。

②

「Traditional Weatherwear（トラディショナル ウェザーウェア）」のノーカラージャケットは、パンツ（P.66）とセットアップで購入。

③

「CA4LA(カシラ)」のニットキャップ。かぶり口がもこもこしていて、ファーのポンポンがついているので、見た目にも暖かい。

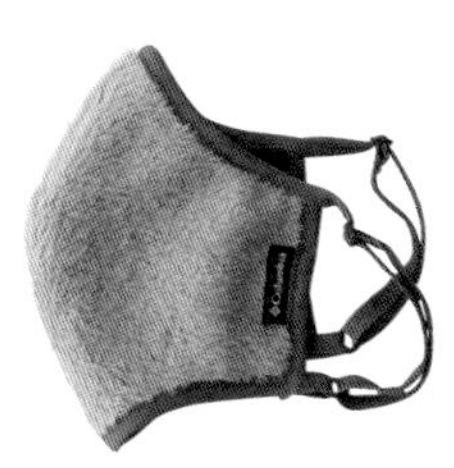

④

「Columbia（コロンビア）」のノベルティでいただいたマスク。フリース素材になっているので、くまっぽくてかわいい、はずしアイテム。

⑤

「CAMINANDO（カミナンド）」のスクエアトゥレザーサイドゴアブーツ。スクエアトゥ、長めの丈ですっきりとした足元になります。

⑥

「nest Robe（ネストローブ）」のハイネック的にコーディネートができるマフラー。使わないときにはコンパクトにバッグに入れられて便利。

⑦

「NANACOSTAR（ナナコスター）」のハンドクリームは、香りが強すぎず、柑橘系のさわやかさが好み。パッケージデザインもかわいいです。

⑧

やさしいピンクにひと目惚れした、「NARU（ナル）」のきれいなタートルニット。ゆったりとしたシルエットでバランスが取りやすい。

メンズライクな冬スタイル

冬には、メンズライクなアイテムを取り入れたスタイルがかわいいなと思います。スカートやワンピースが多かった春夏秋にくらべ、パンツスタイルが多くなり、小物もニットやフリース素材など、見た目も身につけても暖かいアイテムを取り入れていきたいです。ニット帽やマフラーだけでなく、マスクも起毛している素材にすると、はずしたスタイルになっておしゃれだと思います。

そしてアウターもスタイリングのなかで重要に。暖かいのはもちろん、きちんと感を出せるアイテムを選びたいです。そういう意味では、コーデにきちんと感が一番出る季節。秋よりもレイヤードスタイルが増え、トラッドスタイルのコーデが多くなっていきます。メンズライクなスタイルに、マニッシュなブーツを合わせつつ、チェックのバッグやファーのついたニット帽など、どこかにかわいらしさを残すと、メンズライクになりすぎないので、バランスを取ることができます。

そして欠かせないのが、ハンドクリーム。乾燥してしまうので、いろいろなブランドのものを試しましたが、「NANACOSTAR」は、香りが好みなのはもちろん、パッケージデザインがかわいく、髪にも使えるので、冬の必需品です。

BAG かばん

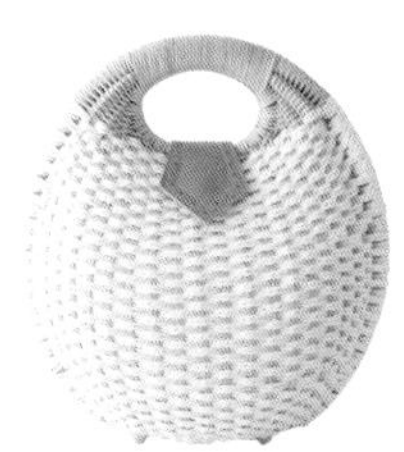

①

「and R（アンドアール）」のかごバッグ。ふっくら丸くてかわいいフォルムがお気に入り。完全に閉めることができるので安心です。

②

「Odette e Odile(オデット エ オディール)」のかごバッグ。ヴィンテージ風で、レザー使いなどディテールがメンズライクなところがポイント。

③

「CLEDRAN（クレドラン）」のラフィアバッグ。夏場にブラックで締めたいときに使います。黒のサンダルやドレスシューズにも。

④

「CLEDRAN」直営店でしか購入できない、上質なレザー巾着。巾着タイプのバッグは持っていなかったので、即決しました。

⑤

「CLEDRAN」のマルシェシリーズのリュックサック。小さく見えて、ペットボトルが縦に入るサイズ。牛革できちんと感もあります。

⑥

「CACHELLIE（カシェリエ）」のフレンチシックなかごバッグ。小ぶりなハードタイプは久しぶり。ちょっとそこまでのお出かけに便利。

⑦

「kanmi（カンミ）」のハンドバッグ。白レザーでがま口というデザインに惹かれて。白や淡い色のワントーンコーデにも役立ちます。

⑧

「and R」のビーズ編みバッグ。カジュアルにも、参観日などのかしこまったときにも活躍してくれる、必要不可欠なバッグ。

季節問わず使う一軍バッグ

バッグのサイズは、大きいバッグもかわいいのですが、低身長にはバランスが取りづらい。最大でもA4サイズくらいとコンパクトなバッグを持つことで、バランスを取るようにしています。手持ち、斜めがけなど、さまざまなバリエーションで持っています。ただ収納力は重要。小ぶりながらもマチがあって、たくさん入るバッグが好きです。

バッグはその日の洋服を選んだあと、その洋服に合うかどうかで選びます。私のバッグは、すべてオールシーズン使えるものばかり。もちろんひと目惚れで買うこともありますが、いろいろなスタイルで使えるようにしたいと考えながら購入しているので、使わずにクローゼットに眠っているものはなく、どれも一軍で使っています。かごはファーやストールを乗せてもかわいく、秋冬でも違和感なく使えるので、「夏だからかごバッグ」という選び方はせず、オールシーズン使っています。

オケージョン（行事や式典など）のときも、以前はそのときのためのバッグを用意していないと対応できませんでしたが、今は手持ちのものをうまく使えるようになりました。レザーなど、少し品のあるものを選んでおくと、普段にもいざというときにも使えて便利です。

靴　**SHOES**

①

丸みがあって女性らしくてかわいい「SOREL（ソレル）」のアウトアンドアバウトプラス。これを履いて、キャンプにもチャレンジしたい。

②

「Odette e Odile(オデット エ オディール)」のバレエシューズは、21.5cmと小さいサイズがあり、3色揃えるほどお気に入り。

③

「Jalan Sriwijaya（ジャラン スリウァヤ)」のドレスシューズ。メンズライクな雰囲気のストレートチップで、上品にもカジュアルにも。

④

「Barbour（バブアー）」のレインブーツ。内側はタータンチェックになっていておしゃれ。ショート丈で、どんなスタイルにも合わせやすい。

⑤

「Paraboot（パラブーツ）」の中でも人気の「CHAMBORD」。ディテールがかわいらしく、メンズライクになりすぎません。

⑥

「Steven Alan（スティーブン アラン）」のレザーのメッシュサンダル。ローヒールで履きやすく、どんな服にも合わせやすい。

⑦

「Jalan Sriwijaya」のシューズで、初めて買うモンクストラップタイプ。メンズらしい要素もあり、つま先がシャープで女性らしくておしゃれ。

⑧

イギリスの「CROWN（クラウン）」のダンスシューズ「JAZZ」。天然皮革でやわらかく、履き心地がいいのでスニーカー代わりにも。

低身長でもバランスよく見える靴

身長の低い私は、足も実寸で20・5cmとても小さいので、自分に合うサイズの靴を探すのは大変。レディースの靴でもこのサイズはなかなかなく、キッズサイズで探したり、少し大きくても「このサイズしかないから」と妥協して買うことも多々あります。だからこそ、小さいサイズを展開してくれているブランドはかなり貴重。「Odette e Odile」は、そんなブランドのひとつで、一足買って気に入ると何色も揃えることが多いです。

実は、以前はヒールのある靴を履かないとバランスが取れないと思い込んでいましたが、ぺたんこの靴でもデザインや素材次第で、バランスが取れると分かりました。カジュアルすぎない靴選びが、小柄な私のスタイリングには大切。ドレスシューズにもハマっています。ぺたんこ靴はどうしても子どもっぽくなりがちなので、革靴など、きちんと見える素材の靴を選ぶように。革靴だけでなくスニーカーも履きますが、「コンバース」か「SUPERGA（スペルガ）」のようなつま先が細めのデザインのものだけ。ボリュームのある靴は足がもったりして見えて、バランスが悪く見えます。足元はすっきり、縦の長さが出るように気をつけています。

GLASSES 眼鏡

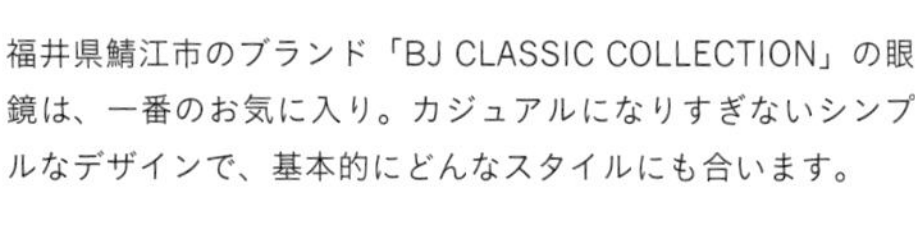

福井県鯖江市のブランド「BJ CLASSIC COLLECTION」の眼鏡は、一番のお気に入り。カジュアルになりすぎないシンプルなデザインで、基本的にどんなスタイルにも合います。

この中では一番華奢な、「MOSCOT（モスコット）」のゴールドフレーム。少し楕円で大きなレンズです。金具がゴールドで、クラシックなデザイン。細いので、自然にかけやすく、他のものより大人っぽくかけられます。

「BJ CLASSIC COLLECTION」のCELLULOID。フレームが太くインパクトがあるデザイン。鼻当てをつけて調節しています。ゆるっとしたリラックスしたスタイルに合わせると、かわいいと思います。

好きが高じて眼鏡屋で働いている夫の影響で、大好きになった眼鏡。スタイリングの中で最も重要視していますす。視力はよくないので、基本的にすべてのレンズに度を入れていますが、撮影のスタイリングに使うときは光が反射してしまうので、レンズを抜いて、伊達眼鏡としてコンタクトと併用しています。

メイクも好きなので、アイラインやアイシャドウを使って目を印象づけることもありますが、眼鏡というフレームがあると、目元にポイントがくるので、目が大きく見えます。最近ではコスメアイテムを買うより眼鏡を買う機会の方が増えてきました。

私が眼鏡を選ぶ基準は、そのときの自分の髪色に合うか合わないか。髪の色を茶色にしたときに、茶色の革靴を合わせて購入し、眼鏡も黒より明るいものがいいなと思って、茶色のフレームを購入。コーデの幅が広がりました。フレームのデザインは、ベーシックなものが多く、自分の顔に合うサイズ感を大切にしています。また眼鏡は横から見られることも多いので、横から見たときにいかにすっきりと見えるかも気をつけています。眼鏡を購入するときは、「新しい顔がきた」と思います。鼻当てのないフレームもありますが、ずれてきてしまうので、鼻当てをつけてもらって使っています。眼鏡をかけていると鼻に跡がついてしまうので、サングラスのときもつけ外ししなくてもいい紫色のレンズを入れるなど、調節をしています。

クラシックやレトロなスタイルが好きなので、カンカン帽やメンズライクな服に眼鏡を合わせるといった、大正、昭和時代のおじさんっぽいファッションがかわいいと思います。今日はちょっと凛とした雰囲気にしたいから太めのフレーム、カジュアルなコーデには丸いフレーム、きちんと感を出したいときは楕円のフレームにするなど、行く場所や会う人によって眼鏡を変えて楽しんでいます。これからも眼鏡がどんどん増えていきそうです。

「BJ CLASSIC COLLECTION」のダークデミゴールド。べっ甲風の茶色のフレームは、髪色を明るくしたのを機に購入。同じフレームの黒も持っているほどお気に入り。つるが細くて横から見るとすっきり見えます。

フレームがマットな黒で、ヴィンテージ感がある「OLIVER PEOPLES（オリバーピープルズ）」model_OP_1955。紫のカラーレンズを入れて、紫外線をカット。室内でかけていても違和感なし。メンズライクなスタイルに。

「JAPONISM（ジャポニズム）」は、つるが細く、この中では一番個性的。ショートカット時代に、モードっぽさを出したくて選んだもの。今は、家でくつろぐときにかけることが多いです。

HAT 帽子

① 「vital MONSIEUR NICOLE（ヴィタルムッシュニコル）」のキャップはメンズのもの。シンプルなデザインながら、Nの刺繍がポイントになります。

② 「odds（オッズ）」のハットは、フェルト素材。折り畳みができるので、旅行するときや撮影のときにバッグにも収納しやすく、重宝しています。

③ アウトドアブランド「Colombia（コロンビア）」のバゲットハットは、夫と共有。リバーシブルになっていて、キャンプにはもちろんタウンユースにも活躍しています。

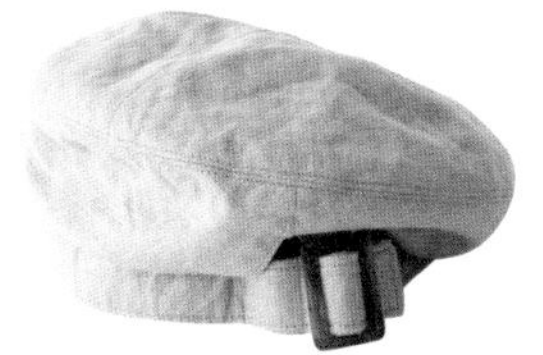

④ 「La Maison de Lyllis（ラ メゾン ド リリス）」のベレー帽は、ベルト調節ができて、きれいなシルエットがお気に入り。色違いで黒も持っています。

⑤ 「LAULHERE（ロレール）」のシンプルなベレー帽。立体的に作られているので、ベレー帽初心者でもかぶりやすいです。

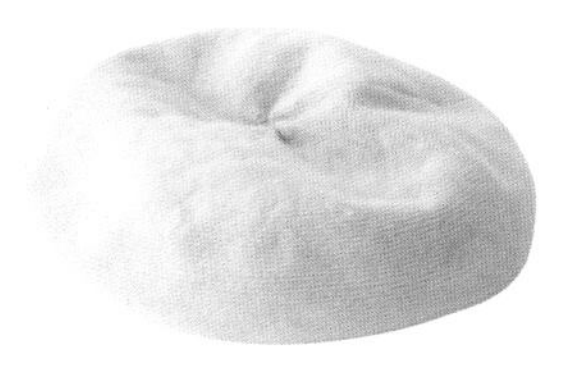

⑥ 「YONEDAMAKI（ヨネダマキ）」のベージュの帽子は、コットン100%で伸縮性があってかぶりやすい。通気性がよく、通年かぶれます。

⑦ 「La Maison de Lyllis」のブルックブリムハット。つばが広くてマニッシュな印象。長めのテープは髪と一緒にまとめることも。

⑧ 「LAULHERE」のベレー帽。トップについたファーがポイントに。頭の形になじみやすい形で、かぶりやすい。

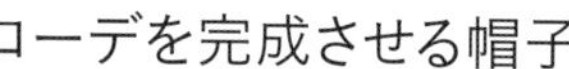

コーデを完成させる帽子

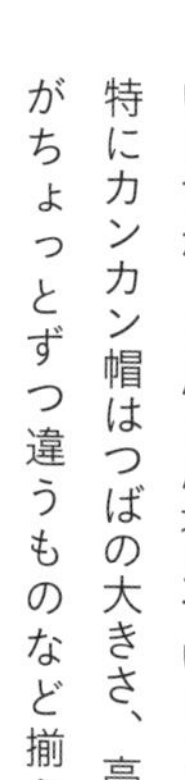

帽子は、私にとってなくてはならないもの。かぶることで目線を上げたり、コーデのポイントにすることも多いです。顔の一部だと考えているので、かぶっていないと何かが足りないと思うほど。帽子がないと、ほかの部分のスタイリングをきっちりしないといけないので、さっと出かけたいときにも帽子があると便利。オールシーズンいつでも帽子です。ニット帽、キャップ、ハット、ベレー帽、カンカン帽とさまざまな種類の帽子を持っていますが、どんどん増えていきます。特にカンカン帽はつばの大きさ、高さがちょっとずつ違うものなど揃え、コーデには欠かせません。

帽子を買うときに大切にしているのは、シルエットと素材。似合う帽子を見つけるには、とにかくかぶってみること。特にベレー帽は自分で形を整えなくてはいけないものが多く、私も難しいなと思いますが、素材や形によってかぶりやすいものを選んでいます。気に入ったら、色違い、素材違いで買うことも多いです。

帽子は、コーデのなかで一番最後に選びます。洋服、バッグ、靴を決めて、ヘアメイクを終えたあと、最後に帽子で完成。そういう意味でも、とても大切なものですね。

アクセサリー　ACCESSORY

⑦ 指輪は全部の指につけます。華奢なリングが好きで、「ete」と「agete（アガット）」のものがほとんど。重ねづけしやすいシンプルなもの。

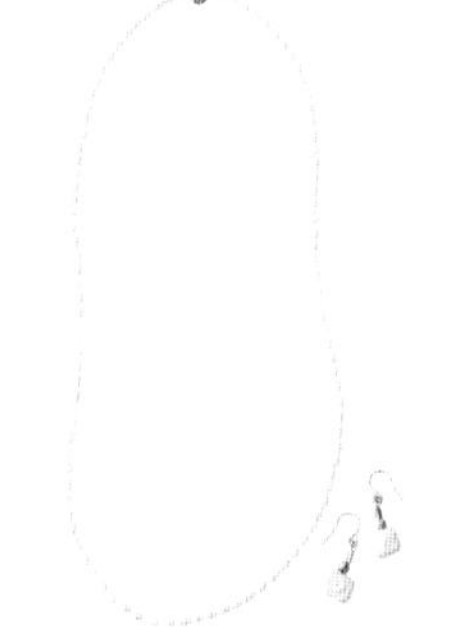

⑧ 雑貨店「DOUBLEDAY（ダブルデイ）」で購入した、ネックレスとピアス。コットンパールを使っていて、上品でアンティーク風なところが気に入っています。

① 「ete（エテ）」のイヤーカフとしても使える、K10ゴールドのイヤリング。華奢なサイズ感で、カジュアルでも大人っぽく見せたいときに、必ず着用するアイテムです。

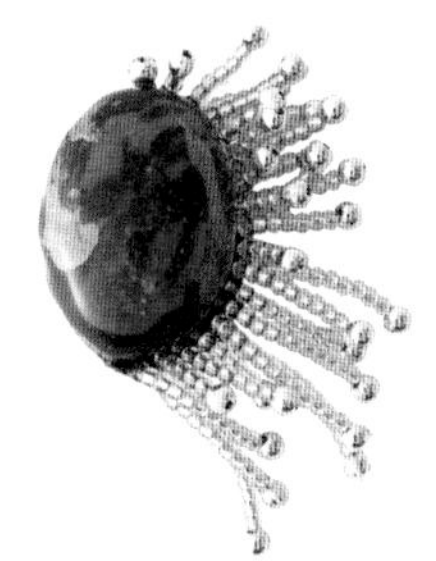

② 深みのあるグリーンとヴィンテージな雰囲気にひと目惚れした、「CARTE BLANCHE（カルトブランシュ）」のイヤリング。つけると存在感があります。

③ 「Lemme.（レム）」は、気づけば集めているアクセサリーブランド。珍しいクリアブラックの色合いが素敵。ひとつなくしてしまったのですが、片耳で使っています。

④ 「les bon bon（ルボンボン）」の華奢なネックレス。夏場のＴシャツコーデなど、シンプルなスタイルを嫌味なく格上げしてくれるアイテムです。

⑤ 「ete」の腕時計はアンティーク感が素敵。細いベルトが手首を華奢に見せてくれます。時計ではなく、アクセサリー感覚でずっと使っています。

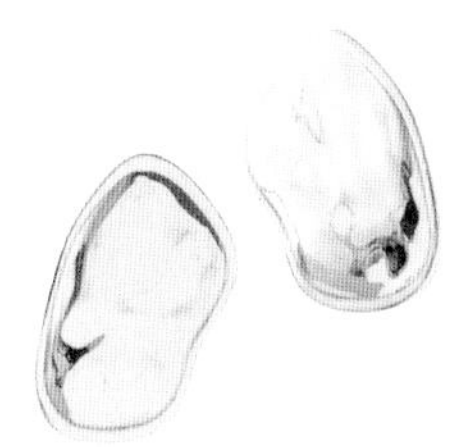

⑥ 「Elaborate（エラボレイト）」のシルバーピアス。凹凸のある表情豊かなデザインで、裏から見ると少し違うニュアンス。大人っぽい印象です。

シンプルなものを重ねづけして

アクセサリーは、たくさん身につけるのが好き。指輪は全部の指につけていて、家事をするとき、お風呂のときも外さずにずっとつけています。ブランドは特に、「ete」と「agete」がお気に入り。色味を統一したいので、同じブランドのもので揃えることが多いです。華奢でシンプルなデザインが好きなので、たくさんつけていてもあまりうるさくならないのかもしれません。誕生石のルビーやルチルクォーツを使った指輪、アンティークのような雰囲気のデザインも好きです。

ピアスはコーデのポイントにもなるので、つい買ってしまいます。毎日どれをつけるか迷うほど。シンプルなものから大ぶりのものまで、大人っぽい雰囲気のデザインが好み。ネックレスは今はあまり持っていませんが、子どもも大きくなったので、これからもっと増やしていきたいと思っています。

実は、小ぶりな時計はブレスレットの代わり。手首が細いので、ブレスレットが動いてしまって、なかなかサイズの合うものが見つかりません。

シルバーよりも、肌となじみやすいゴールドが気に入っています。もともと金属アレルギーがあるので、10金のものを選ぶようにしていますが、出産後に症状がよくなってきたので、最近ではいろいろなアクセサリーを楽しめるようになりました。

HAIR ヘアアレンジ

ふわふわに巻いた髪をハーフアップに

バランスを見て、ハーフアップに髪の毛をまとめ、毛先を抜かずに輪っかの状態でゴムで留めます。輪になった部分を崩し、残りの髪の毛を根元でゆるく、ぐるぐると巻きつけます。最後にピンが見えないように、根元でさします。

POINT

お団子にした髪の毛は、ゴムでまとめたあと、飛び出した髪の毛を小さなピンで固定。根元に差すようにすると、しっかり固定されます。

スカーフと一緒にゆるく三つ編み

ヘアアイロンでゆるく髪の毛を巻いた、三つ編みスタイル。大判のスカーフを対角線上に折り、細く折り畳む。折ったスカーフを髪の根元から一緒に巻き込んで、三つ編みに。ゴムで結んでから、スカーフをリボン結びにします。

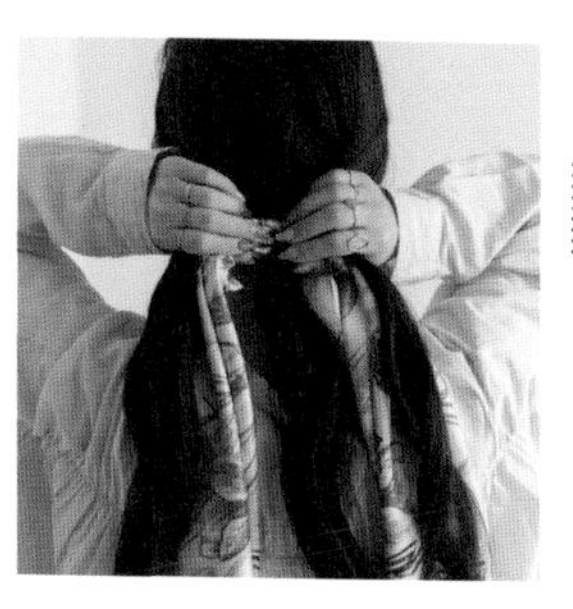

POINT

3本に分けた髪の毛のうち、2本にわたるよう、半分に折ったスカーフを合わせます。スカーフが外れないように、右と中央の毛束をしっかりクロスさせて。

1. ボリュームのあるスタイリングのときは、ヘアスタイルをタイトにして、すっきりまとめます。トリートメントを髪全体につけてまとめてポニーテールにしたら、ゴムを少しずつずらして留めて。簡単におしゃれを演出できる玉ねぎヘアーです。

2. 髪の毛をゆるく巻いて、ツインテールにしてからそれぞれお団子に。タイトなお団子にならないよう、ゆるく毛束を引っ張り出すのがポイント。メンズライクに寄せたコーデのとき、愛らしさも出るように、ヘアスタイルでバランスを取ります。

3. ボブ風アレンジは、レトロな雰囲気にしたいときに。ボブにしたい位置でゆるくひと束に結び、毛先からくるくる巻き込んでピンで留め、帽子をかぶれば完成。首元もすっきり見えるので、お気に入りのスタイルです。

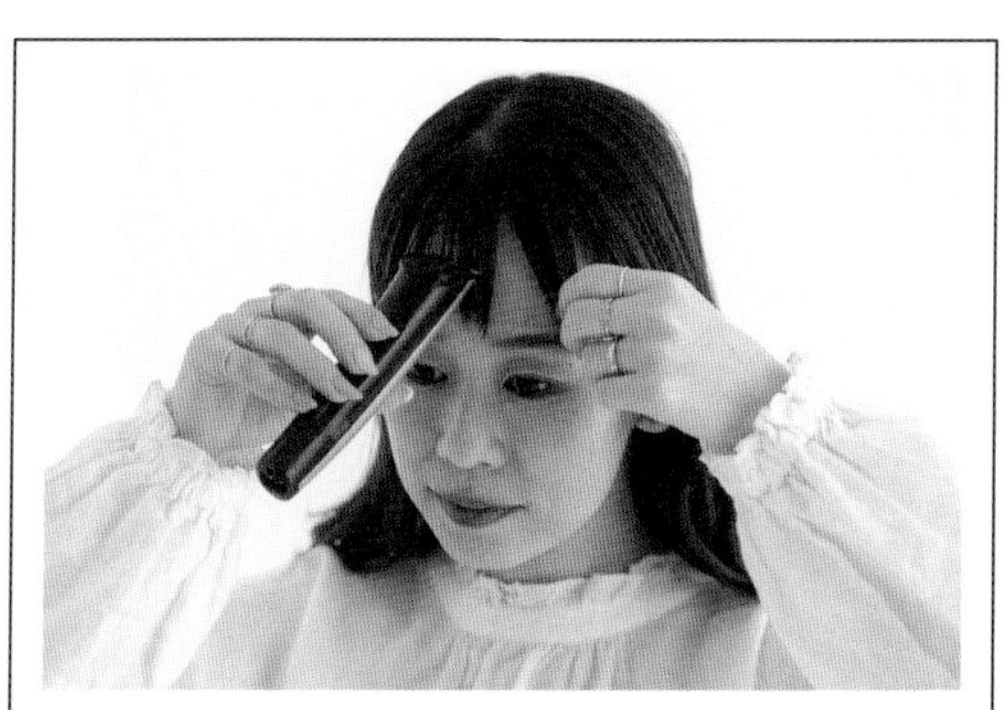

前髪のカットには、「Panasonic」のバリカンを愛用。伸びた前髪に当てて、少しずつずらすことで真っ直ぐカットでき、パツン前髪が簡単にできます。撮影の前など、定期的にメンテナンスしています。

HAIR ITEM ヘアアイテム

① トリートメント「KERASTASE（ケラスターゼ）」のソワン オレオ リラックスを髪全体になじませると、髪をまとめやすくなります。

② 「LOWRYS FARM（ローリーズファーム）」のシュシュは、シアーでビッグなデザインが、ゆるりと抜け感を演出できるので、髪をまとめたいときに便利です。

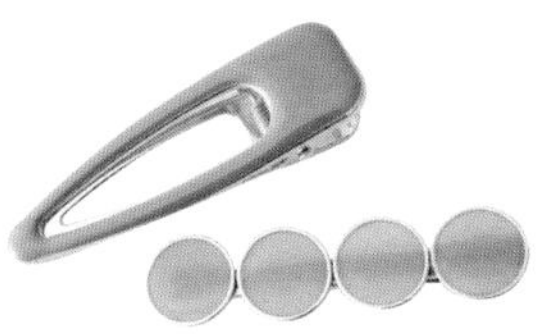

③ プチプラでかわいい、「Lattice（ラティス）」の大きなバレッタ。まとめ髪にするとき、アクセントとしてバランスよくつけると、とてもかわいいです。

④ 「IRIS 47」のカチューシャは、「ゆきふいるむ」の企画・お店図鑑で購入したもの。上質なリボンですべりづらく、つけやすい。シンプルだから大人っぽくつけられます。

⑤ 「HAIRBEAURON（ヘアビューロン）」のレプロナイザーは、髪の美顔器といわれるドライヤー。かければかけるほどまとまり、乾かすのが楽しいほど。

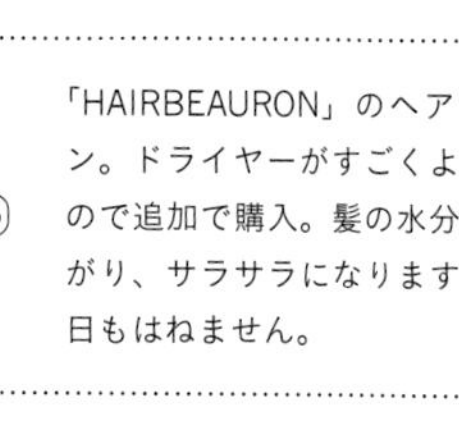

⑥ 「HAIRBEAURON」のヘアアイロン。ドライヤーがすごくよかったので追加で購入。髪の水分量が上がり、サラサラになります。雨の日もはねません。

⑦ 髪が絡まないブラシ「TANGLE TEEZER（タングルティーザー）」。ブラシが細くて、根元からほぐしてくれるので、長い髪も無理なくとかせます。

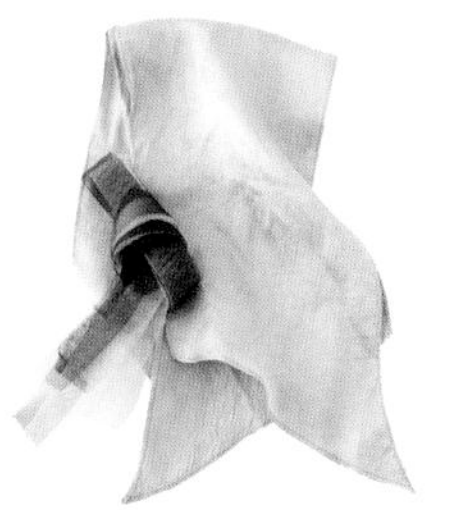

⑧ 髪のアレンジに使うアイテム。スカーフは細長いので、頭に巻きやすいです。リボンや革紐は、クラフトショップで1m以上、長めに買うのがポイント。

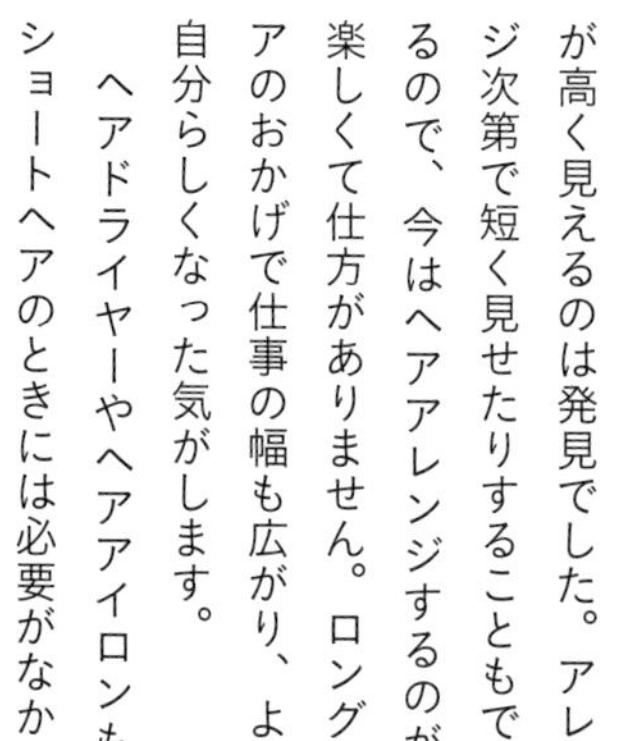

ロングヘアにしてから増えたアイテム

実は人生初のロングヘア。「背が低いとロングは似合わない」と言われ続けていたので、これまでずっとショートヘアでした。一回伸ばしてみようと挑戦して、伸ばしている途中は中途半端でつらかったのですが、ここまで長くすると逆に縦のラインができて、背が高く見えるのは発見でした。アレンジ次第で短く見せたりすることもできるので、今はヘアアレンジするのが、楽しくて仕方がありません。ロングヘアのおかげで仕事の幅も広がり、より自分らしくなった気がします。

ヘアドライヤーやヘアアイロンも、ショートヘアのときには必要がなかったので、髪の毛のことを考えて新たに買い足したものばかり。ヘアスタイルもコーディネートの一部と考えているので、ロングヘアをいかにきれいに保つかが大切。金髪のショートから伸ばしたので、かなり傷んでいた髪もこのドライヤーとヘアアイロンのおかげで、髪質が変わり、まとまるようになりました。

ヘアアクセサリーもシュシュや大きなバレッタ、カチューシャなどバリエーションが増えました。ヘアアレンジはSNSやヘアカタログを見て、かわいいスタイルをチェックするのが楽しい。常に新しいヘアスタイルに挑戦したいと思っています。

ネイル NAIL

北欧をイメージして、ポップなタイル柄に。指輪に合わせて、ゴールドを散りばめてもらいました。ショートネイルにしてもかわいく見えるデザインです。

夏のネイルには、ドットとボーダー柄の服を着た女の子、水着を着た女の子を描いてもらいました。ピンクゴールドのアクセサリーに合わせて、爪先もゴールドに。

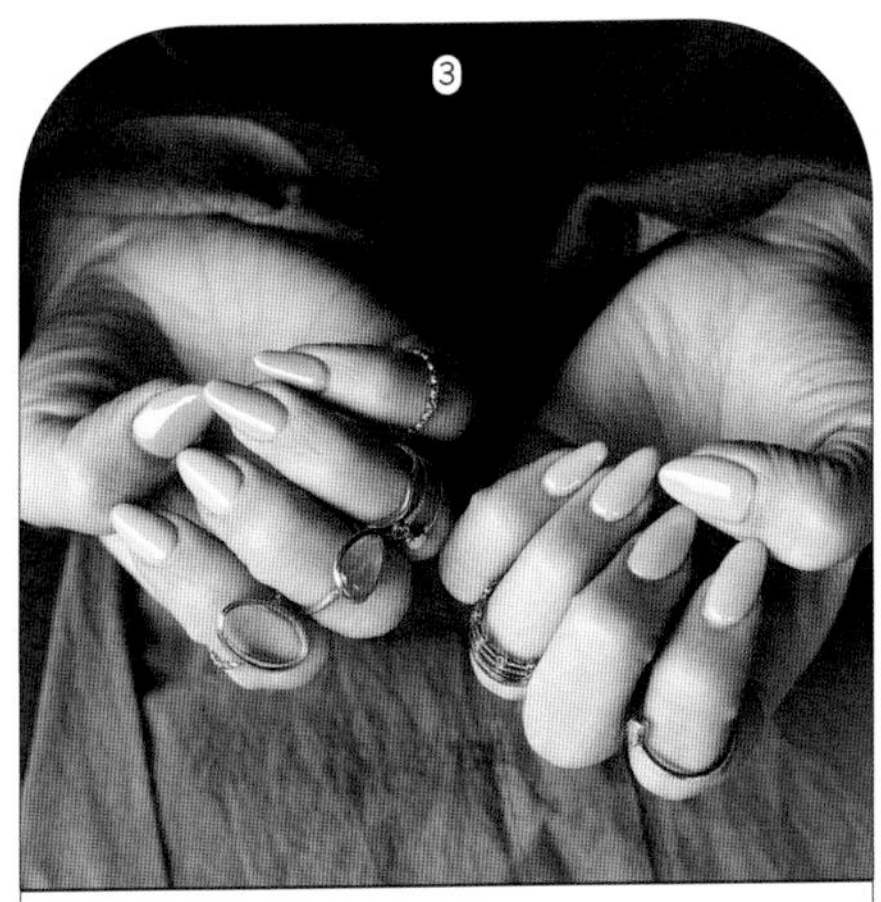

清潔感のあるくすみ系の水色と、ナチュラルなベージュパープルで、春のさわやかな手元に。最近はワンカラーにするのが、特にお気に入りです。

ネイルサロンは癒しの場所。

プロのネイリストから情報を仕入れるのも楽しみで、2～3週間に1回は通っています。

yukiのお気に入りネイルのほんの一部をご紹介。

ミラーネイルは、指先にアクセサリーをつける感覚で。ぽっこりとした爪先は、少しモード感が出て、甘くなりすぎないところが気に入っています。

ドットのポップなデザインとクリアネイルで、モノトーンにまとめた涼しげなデザイン。水滴ネイルはぷっくりとした見た目もかわいく、黒の重みを感じないのでおすすめ。

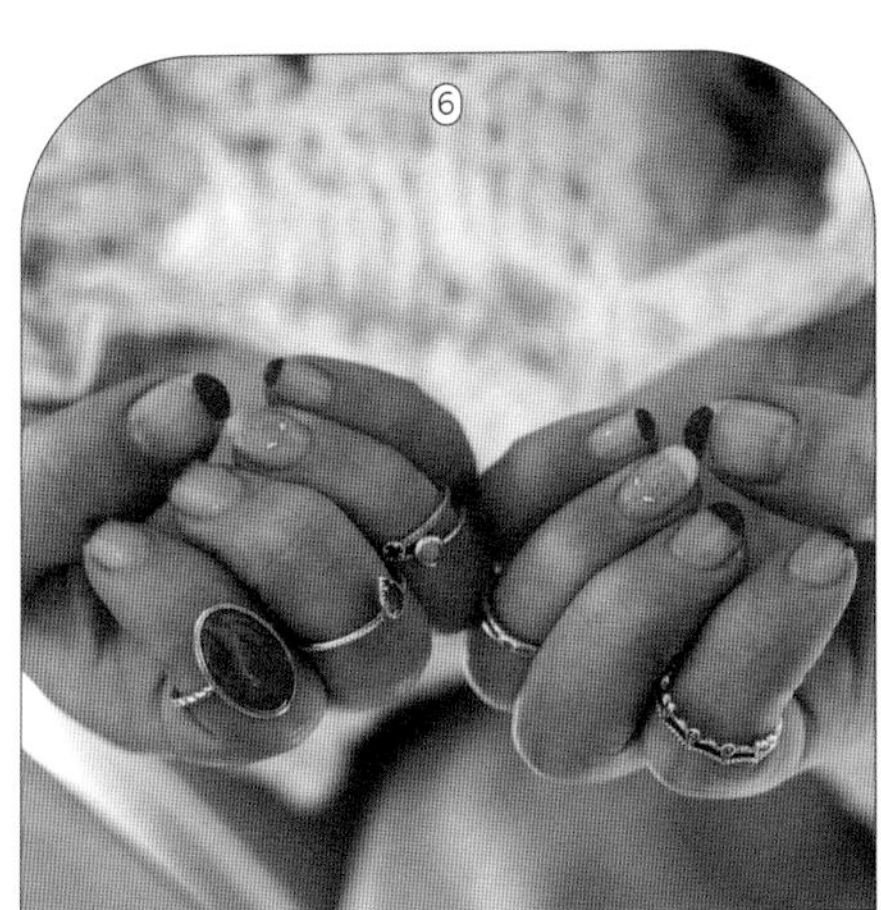

ショートネイルにして、爪先にちょこんと入れた赤ネイルと、一輪の花の針金ネイルを混ぜ、クラシックな雰囲気に。赤いバレエシューズのイメージ。

①

ドイツの「Freioil（フレイオイル）」は、全身に使えるさらさらとしたオイル。髪に使ってもベタベタせず、リピートしています。

②

「SAVON（サボン）」のボディスクラブ。ラベンダー・アップルの香り。お風呂に入れて入浴剤として使ったり、香りを全身にまとうと癒されます。

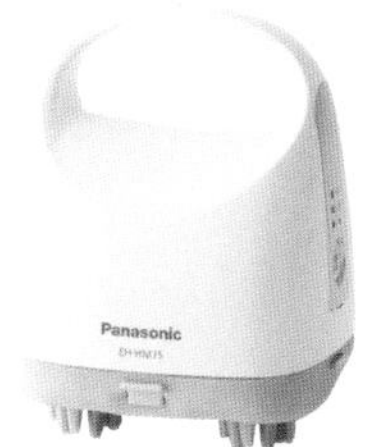

③

ヘッドスパができる「Panasonic」の頭皮エステ。防水なので、シャンプーをしながらマッサージ。頭皮マッサージをすると顔もリフトアップ。

④

「nahrin（ナリン）」のハーブオイルは、香りを嗅いだり、こめかみに塗ると、スーッとして癒され、リフレッシュできます。

⑤

「SAVON」のヘッドスクラブ。ジャスミンのいい香り。頭皮マッサージをしながら、毛穴の汚れを取ってくれます。

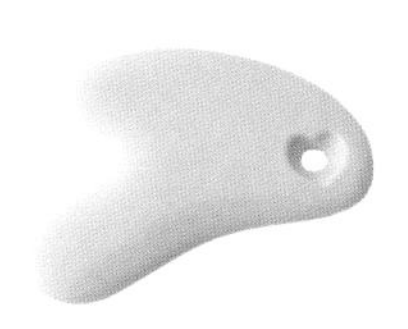

⑥

「コジット」のかっさリフトプレート。磁器製で、小さいので持ち運びにも便利。洗顔後、化粧水で肌を整えた後に顔のマッサージ。全身にも使えます。

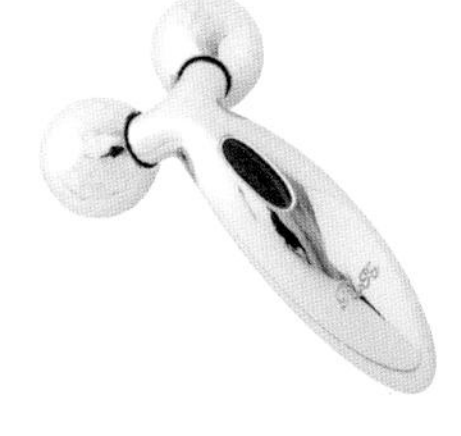

⑦

「ReFa（リファ）」の美顔ローラーで、毎日全身をコロコロしています。ハンドルをぐっとあげると、皮膚をちゃんと挟んでくれて気持ちがいい。

⑧

「FREDDY LECK（フレディ レック）」のファブリックミスト。石鹸のさわやかな香りで、アウターやニットにかけてお手入れをします。

リセットタイムに欠かせないアイテム

お風呂の時間が、一番のリラックスタイム。毎日1時間半ほど、水分をとりながら、「SAVON」のボディスクラブを入れた湯船でじっくり半身浴。一日の疲れを癒します。ヘッドスパは、週1～2回のペースで。頭をマッサージすると、すっきりします。バスルームの中では音楽をかけて。ときには携帯を持ち込んで仕事をすることもありますが、リラックスしているせいか、はかどります。お風呂タイムには、氷たっぷりのグラスに入れた「キリン メッツ コーラ」を飲むのがお気に入り。炭酸ドリンクが好きな私らしいリラックス法です。

撮影の前には、「ReFa」の美顔ローラーを使って、全身マッサージしたり、アイマスクで目の疲れを取ったり、美白パックをしたりもしています。むくみ対策、体型維持のために、大好きだったお酒を飲むのも止めました。

リラックスにはいい香りが大切。ラベンダーやシトラス、ミントなど、甘すぎない、さわやかな香りが好み。家族も気に入って、「いい香りだね」と言ってくれます。疲れが溜まってしまったときには、アロママッサージに。月1～2回のペースで通っていますが、撮影前日にケアをしてもらうと安心です。

①

「SHIRO（シロ）」のPERFUME FREESIA MISTは、少し甘い香りだけど、ふんわりとしたやわらかい香り。小さな瓶なので、かばんにそのまま入れて持ち歩くことも。

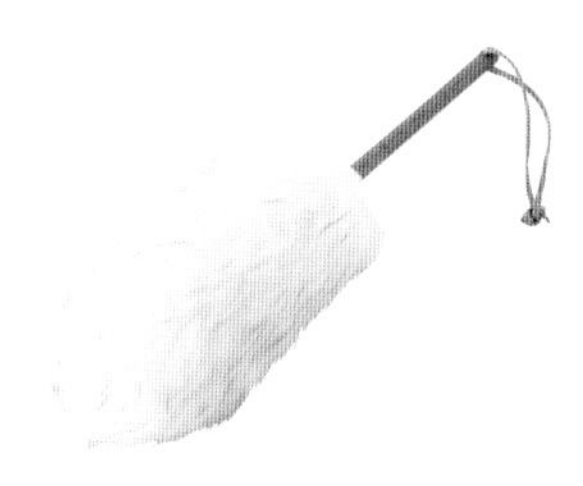

②

インテリアショップで購入した、ハンディモップ。ほこりを吸着して取る掃除道具ですが、しっぽみたいでかわいいので部屋に飾っています。

③

息子からクリスマスプレゼントにもらった、ハーバリウム。花が好きなのでとてもうれしかったもの。いつも見えるところに飾って、癒されています。

④

ルームシューズは、「Fatima Morocco（ファティマモロッコ）」のバブーシュ。スパンコールと刺しゅうがかわいい。旅先にも持っていきます。

⑤

私と同じ双子でとても気が合う友人、タレントの三倉佳奈さんにいただいたフォトフレーム。デザインがとてもかわいくてお気に入りです。

⑥

「Sunny clouds（サニークラウズ）」のしましまパジャオールは、ダブルガーゼのオールインワン。かわいいので、夫とお揃いで着ています。

⑦

ネックレスや指輪などは、カトラリーケースをアクセサリー入れにして、インテリアの一部に。ケーキドームに入れるのもかわいいですね。

⑧

「IKEA（イケア）」のクッションは、子豚の後ろ姿に哀愁を感じてひと目惚れ。かわいいので色違いで揃えたアイテムです。

のんびり過ごせる部屋作り

家ではのんびり過ごしたいので、ナチュラルなウッド調で、温かみのある雰囲気のインテリアにしています。インテリアは私の担当。一度こうしたいと決めると、夫が仕事に行っている間に、1人でがらりとインテリアを変えてしまうこともあります。最近は家でも仕事したり、ゆっくりできませんが、リラックスできるよう、部屋の香りは今まで以上にこだわるようになりました。除菌、消臭ができて、香りも楽しめる「マジックボール・ベーシック」という空気清浄機を愛用しています。

時間があるときは、映画や音楽を楽しんでいます。大好きなジブリやディズニーなど、ファンタジー映画は、流しているだけでほっと安心できます。自然と家族がリビングに集まり、私は仕事、夫はテレビ、息子はゲームと、それぞれが好きなことをしている時間がとても大切だなと思います。見ているだけで癒される、かわいいインテリアグッズもついつい買ってしまいます。

家事の中では料理が好き。専業主婦のときは、一日三食必ず作っていました。器は、料理人だった父の店から受け継いだものを大切に使っています。苦手な家事は片付け。皿洗いは結婚してからずっと、夫に担当してもらっています。

BRITISH ブリティッシュアイテム

①

サイズ感もちょうど良く、コーデの主役にもなる「GLENROYAL（グレンロイヤル）」のサッチェルバッグ。ストラップでショルダーにもできます。

②

イギリスの伝統的な「JOSEPH CHEANEY（ジョセフ チーニー）」のMILLY。クラシックなスタイルで、パンツにもスカートにも。

③

「Traditional Weatherwear（トラディショナル ウェザーウェア）」の長傘。赤い正統派ギンガムチェックはコーデの主役に。

④

イギリスのアウトドアブランド「Barbour（バブアー）」のコート。メンズサイズですが、袖口を折って着るのがかわいい。一枚で様になります。

⑤

「Elegancese（エレガンセーぜ）」のカシミアマフラー。カシミア100%で、肌触りが気持ちいい。ブリティッシュ感をさりげなく演出したいときの、必須アイテム。

⑥

「macalastair（マカラスター）」のブラックウォッチスカート。ストレートにブリティッシュらしさを出したいときに履きます。

⑦

「Traditional Weatherwear」のツイードパンツは、アウターとのセットアップ。軽やかで暖かく、きちんと感が出るので秋冬に重宝。

⑧

「CIAOPANIC（チャオパニック）」のロゴスウェットは、古着っぽいテイスト。甘くなりすぎない、ブリティッシュスタイルのコーデにも活躍。

秋冬に取り入れたい、正統派スタイル

夫の影響で好きになったブリティッシュスタイルは、私のコーディネートに欠かせないキーワードのひとつ。

タータンチェックはキルトスカートはもちろん、ストール、バッグ、傘などの小物のほか、コートの裏地にちらりと見えるのもかわいい。眼鏡や革靴も、ブリティッシュスタイルによく合います。

どちらかというと秋冬の寒い時期に、メンズライクなブリティッシュコーデにすることが多いです。「Traditional Weatherwear」、「JOSEPH CHEANEY」など伝統的なイギリスのブランドは、アイテムをひとつ取り入れるだけで、きちんと感が出ます。こだわって作られているものだから、値段が張るものも多いですが、ケアをしながら長く大切に使っていきたいものばかり。マニッシュなアイテムも上品さがあるので、女性でも取り入れやすいと思います。

「GLENROYAL」のブルーのサッチェルバッグは、コーデの幅を広げてくれたアイテム。普段はバッグと靴の色を合わせがちですが、青いベレー帽と合わせたら、よりブリティッシュな要素が強くなることに気がつきました。上品で大人っぽいブリティッシュコーデは、私が特にお気に入りのスタイルです。

宝物 ESSENTIALS

①
ものづくりへの姿勢に感銘を受けたブランド「nest Robe」の本『SLOW MADEな服づくり』。読んで、ブランドへの信頼感が増しました。

②
好きなものを好きという表現の仕方が、お手本のような雑誌『シトルーナ』。誰かが「かわいい、好き」っていうことって、すごく大事だと思います。

③
手作りが得意な母が編んでくれたローゲージのセーター。子どもの頃を思い出して、お願いして編んでもらったもの。愛情のこもった宝物です。

④
景色がいいところに行くとき、私服を撮りたいと一眼レフカメラを購入。ちょっと重いけど持ち歩くようになり、携帯で写真を撮らなくなりました。

⑤
息子が小さいときに遊んでいた、トーマスのおもちゃ。これだけはかわいくて捨てられず、家に飾って眺めては癒されています。

⑥
コーヒーより紅茶派。自分時間を大切にしたくて購入した、自分専用のティーセット。ゆっくり飲むと、リラックスできます。

⑦
「Marimekko（マリメッコ）」の生地を使って、母が作ってくれたトートバッグ。オリジナルのサイズで使いやすく、長く愛用しています。

⑧
「ゆきふいるむ」の企画で千葉を旅したときに、陶芸工房で作った茶碗。成型して釉薬の色も自分で選んだので、愛着がわき、気に入って使っています。

自分らしさを感じられる宝物

子どもの頃、誕生日やクリスマスのプレゼントは、双子の妹と同じものにしないとけんかになるという理由で、好きなものをなかなか買ってもらえませんでした。その反動で、大人になってから自分の好きなことを堪能するように。そんな中でも子どもの頃に、母が作ってくれた服や編んでくれたニットは宝物の思い出。最近頼んで作ってもらったセーターやトートバッグは、私のコーデで活躍してくれています。

仕事をしていると、息子と一緒にいる時間がより大切だと感じます。息子が小さい頃大好きで、百体以上集めていたトーマスのおもちゃ。いつも手に握りしめて、散歩や寝るときも一緒だったトーマスは、息子の影響で私も好きになったもののひとつ。今でも家に飾るほど、大切な思い出です。

カメラは、風景を撮るのが好き。息子とは感覚がとても似ているので、どちらが上手く撮れるか競いながら、共通の趣味として楽しんでいます。紅茶は私だけの楽しみ。いろいろな茶葉を試しています。ドライフルーツをプラスしたりも。色の変化を楽しめるハーブティー「バタフライピー」が、最近のお気に入り。透明のティーポットとグラスに淹れて飲むと癒されます。

talk about「ゆきふぃるむ」

私のやりたいことを詰め込んだ、YouTube「ゆきふぃるむ」。
人気コンテンツ作りに欠かせない、”ことちゃん”こと、
ディレクターの堤琴絵さんとコンテンツ作りについて話しました。

ほぼドキュメンタリー？　楽しんで作るコンテンツ

yuki　YouTubeのお話をいただいて、やれるかどうかすごく不安で。プロデューサーが合うんじゃないかと、ことちゃんを担当にしてくれたんです。現場ではカメラを回して、サムネイルに入るタイトルの題字を描いたり、編集をしてくれています。好きなものが一緒で、私のことをわかってくれているので、安心してロケができています。

堤　初めてお会いしたとき、企画について6時間くらい話しましたね。当初yukiさんはあまり話さない予定だったのですが、一度撮ったら、すごく話が上手でわかりやすくて、今の形になりました。動画は、yukiさんのかわいいところが伝わると思いますね。

yuki　ことちゃんのゆるいキャラもあって、私ものびのびできるんです。企画は、私が好きそうなものをことちゃんが調べて、話し合って決めています。撮影は、ことちゃんに話しかけている感じですね。

堤　相槌をすごく打つので、手振れしたりします（笑）。

yuki　撮影先で、見てくださった方から、本当に仲がいいんですねと言われて、伝わっていてうれしいなと思います。信頼関係があるのが、長く作れる理由ですね。

堤　特に反響があるのは、「お店図鑑」。再生回数もコメントの数も全然違います。

yuki　シナリオがなく、プライベートの買い物の延長のような感じなので、撮影も楽しいです。専門的な話が聞けるのが特に。番組は約30分ですが、収録時間は2時間くらいで、最後に買うものも実は時間をかけて悩んでいるんです（笑）。

堤　yukiさんは人も服やものも、気づかないところまでよく見ていて、いいところを見つける力がすごくあると思います。それから撮影は朝早いことが多いけど、ずっと元気ですね（笑）。

Yuki　本当に好きなところに行って、いいものばかり紹介していますが、今後は陶芸などの体験をして、日本の大切な文化も伝えていきたいですね。「ゆきふぃるむ」はやりたいことを実現でき、興味を広げてくれる場なんです。

ゆきふいるむのコンテンツ

2020年にスタートしたYouTubeチャンネル「ゆきふいるむ」。
コンテンツの一部をご紹介します。

1週間コーデ
季節やアイテムのテーマを決めて1週間のコーデを見せる企画。着心地や丈感、おすすめのポイントを言葉で説明します。1コーデに約30分、3時間くらいかけて撮っています。

おもちアレンジクッキング
お正月に家でのんびり楽しんでもらいたくて考えた、クッキング企画。ゆるりとした雰囲気のお気に入りの回。こういう企画にもっとチャレンジしていきたいです。

お店図鑑
一番の人気企画。一度撮影に行くと繋がりができ、プライベートで行くことも多いです。春夏秋冬で再訪したいお店ばかり。服を持ってきていただいてお話を聞く「逆お店図鑑」も。

かばんのなかみ
かばんや化粧ポーチの中身、お気に入りの眼鏡や帽子、アクセサリーなど、私の持ち物を紹介する企画。私自身も誰かの愛用品を知りたいし参考になるなと思います。

YUKI TRIP
実は一番最初に作った企画。今はなかなか旅行できませんが、国内を旅して、色々な人に出会ったり、ものづくりの背景について話を聞いたりしていきたいです。

お取り寄せの会
新しいことにチャレンジして、おうち時間を楽しむ「お取り寄せの会」。オンラインで花を注文して、花のある暮らしを提案しました。個人的にもっとやってみたい企画のひとつ。

COLUMN 3 yukiのこれまで

高校生くらいからファッションに目覚め、洋服が好きになりました。当時の憧れは、安室奈美恵さんやJUDY AND MARYのYUKIさん。低身長なのにバランスの良い着こなしを参考にしていました。コーディネートの引き算ができていませんでしたが、好きな服を着て出かけるのが楽しかったです。ヘアスタイルや美容に興味を持つようになったのもその頃でした。

その後、結婚、出産を経て、専業主婦をしていた私。相変わらず服が好きで、あるとき「ZOZOTOWN(ゾゾタウン)」のファッションコーディネートアプリ「WEAR」に投稿をはじめました。とはいえ、自分が写るのは嫌だったので、服だけを置き撮りしたり、自分の顔をスタンプで隠していました。服だけなので、家事の合間に気軽に撮ることができるし、単純に「服って楽しい!」と思って投稿を楽しんでいました。

ありがたいことにフォロワーも1万人ほどに増えた頃、ZOZOTOWNがモデル募集をしているのを見つけて応募。事務所に入っていない人でも受けられるというので、いい思い出になればと思ったんです。まさか受かるとは思っていなかったので、夫にも内緒でしたが、受かってしまってびっくり。それが今の仕事を始めるきっかけになりました。

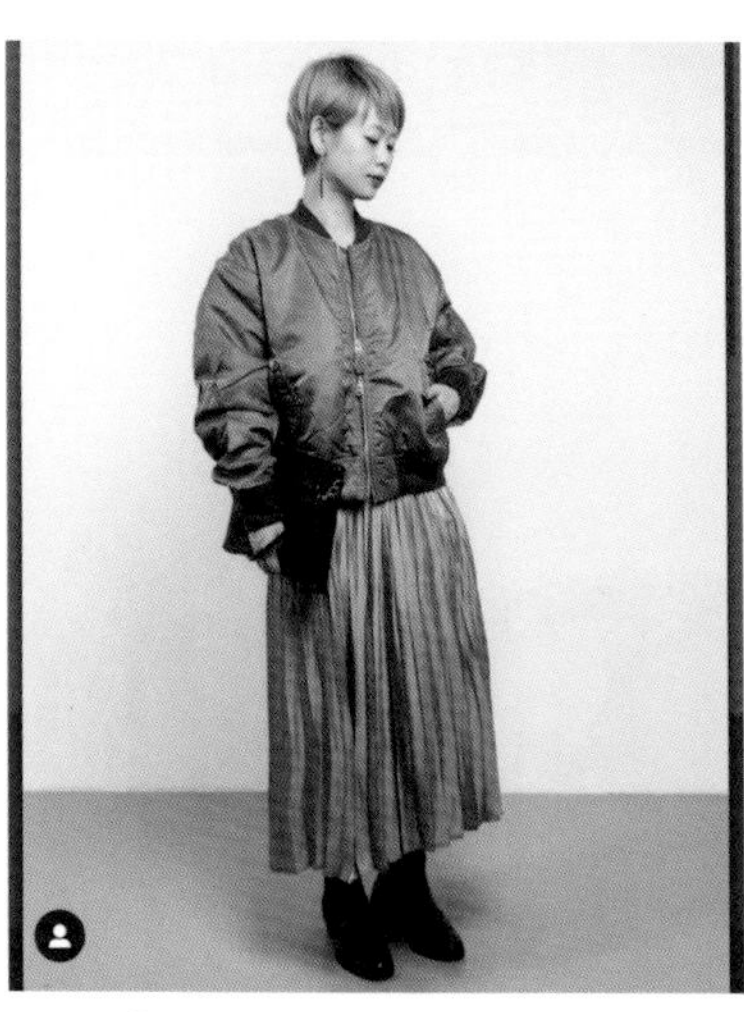

ドキドキしながら、初めて顔を出して投稿した写真。金髪のマッシュルームカットで、ファッションも今とは全然違いました。

今はもうない事業ですが、受かったのは着用レビューモデル。一般的なモデルさんの身長は高すぎて低身長の人は参考にしづらいですが、背の低い人が着たらこんな感じと見せるためのものでした。一般で受かったのは、私ともう1人だけ。初めてのスタジオ撮影でカメラも見られず、事務所に入っているモデルさんとは天と地の差でした。私たちコーディネートモデルは、ヘアメイクもスタイリストもついていないので、自分でコーデを組んで自撮りする。その写真を現場にいるスタッフがチェックしてサイトにアップする、という流れ。この仕事をやっていくうちにポージングも学びました。それが今に繋がっています。

2年ちょっと続けてフリーのモデルに。繋がりのできたブランドのモデル撮影に声をかけていただいたり。基本自分で撮影をしていたので、カメラマンさんに撮影してもらうのは、フリーになってから。慣れていないので、「笑顔もできないし、カメラを見ることもできないです」とお伝えして、それでもOKというところだけ、仕事をしていました。それが3〜4年前の話です。

今は「YouTubeの番組をやりませんか?」と声をかけてくれた、動画制作の会社にマネージメントをお願いしています。声にもコンプレックスがあるので、最初は動画に出るのが嫌で、お断りしていました。YouTubeはインスタグラム以上にいろいろな人が見ているので、みなさんが思っているイメージと違って、ネットに何か書かれたりしたら傷つくのではと思っていたんです。でもせっかくのご縁だからとやることにしました。一番やりたかった企画「お店図鑑」をやってみて、私にすごく合っていると思ったんです。自分で文章を書いたりすることは苦手ですが、お店の方とやりとりすることで伝えたいことを表現できるのが、YouTubeの魅力。ゆるりとした作り込まない内容も「ゆきふぃるむ」というタイトルも、自分らしいなと思っています。YouTubeを始める前と気持ちが変わり、「ゆきふぃるむ」をメインにやっていきたい。特に「お店図鑑」は、ものづくりの考えや普段聞けないところまで話ができることに、一番魅力を感じています。

yuki

の

おでかけスタイル

さまざまな素材や色で、たくさん持っているバッグ。洋服に合わせて選ぶのはもちろん、TPOに合わせるのが大人のたしなみ。バッグを変えれば、その中身も変わります。いつも必ず持ち歩くyukiの必需品、近所の散歩から仕事、夫とのデート、旅行など6つのシチュエーション別に、バッグとその中身、合わせたコーデを紹介します。

いつも持ち歩くもの

これだけは、のマストアイテム

右上から時計回りに財布／MHL、パスケース／CLEDRAN、車の鍵、家の鍵、ハンカチ、マスク、マウスウォッシュ、のど飴、イヤホン、携帯充電器、眼鏡（度入り、度なし）、グロス、リップティント、アロマハンドスプレー／PERFECT POTION、ハンドクリーム

どんなときにも持っていく貴重品から癒しのアイテムまで

まずは貴重品。ミニショルダーにも入るコンパクトな財布と、ワークショップで作った革のパスケースにカードを入れています。家の鍵につけているのは、ムーミンパパのキーホルダー。眼鏡は2本。黒縁はコーデのポイントに使う用、もう1本の茶色の眼鏡は度が入っていて、目が悪いのでコンタクトを外したとき用に、必ずバッグにしのばせています。マスクは洋服に合わせて選びたいので、洗えるタイプのもの。ハンカチは、息子から誕生日のときにもらった宝物で、ヘアアレンジに使うことも。イヤホンは私の必須アイテム。移動が多いので「ゆきふいるむ」の動画をチェックしたり、癒されたいときはジブリのサントラや大橋トリオ、スピッツなどの音楽を聴いています。

マウスウォッシュは、飲食をするときに持っていると安心。使い切りなので、バッグの中で漏れたりしないので便利です。「龍角散」はのどがすっきりして、お口直しができるから欠かせません。ハンドクリームは「ニベア」。匂いが好きで、たっぷり使えるのもいい。「PERFECT POTION（パーフェクトポーション）」のアロマハンドスプレーは、やさしいアロマの香りでさらさらとした使い心地で、マスクと共に最近の必需品です。

近所を散歩

財布も持たない、必要最低限のスタイル

実用性よりもかわいさで選んだ「genten（ゲンテン）」のミニショルダーバッグに、iPhoneとリップ美容液（Obagi ダーマパワーX リップエッセンス）を入れて。お財布を持ちたいときは、ポケットの大きな服を選びます。

「オオカミとフクロウ」のトップスに「オーローネ」のパンツ、「CROWN（クラウン）」の靴まで、ベージュから白で揃えたワントーンコーデで、赤いミニショルダーを主役に。

散歩は大好き。ひとりでも家族ともよく行きます。リフレッシュしたいときや天気がいい日には、ふらりと出かけたくなります。ドライブ散歩をするときには、好きな音楽をかけたり、ひとり時間を楽しんだりしています。家族とは、公園や植物園に行くことも。自然や花を見ていると、癒されます。息子とは、学校生活や映画、好きなYouTubeの話をして、コミュニケーションの時間にもなっています。

たくさん歩いてゆっくり過ごしたいので、荷物はiPhoneとリップ美容液だけと必要最低限。スマホケースは「iFace（アイフェイス）」のもので、カラーバリエーションが豊富で、適度な厚み、なめらかな曲線が持ちやすく、落としてしまったときも衝撃から守ってくれます。私の選んだのはビビッドなピンク。ピンク色が好きなので選びましたが、スマホを置き忘れることが多いので、派手な色だと見つけやすく、この色にしてよかったなと思っています。

買い物に行く

「HELIOPOLE（エリオポール）」のノベルティのエコバッグは、蛍光色がお気に入り。

財布代わりのショルダーで身軽に

財布としても使える「CLEDRAN」のバッグ、付属のお札入れのほか、ナチュラルな発色とツヤを与えてくれる「ランコム」の赤いグロス、「noy（ノイ）」のネックレスで、ちょっぴりおしゃれして。

「nest Robe（ネストローブ）」のフードパーカに、「Traditional Weatherwear（トラディショナル ウェザーウェア）」のユニオンスラック、「SUPERGA（スペルガ）」のスニーカーを合わせた気軽なスタイル。

風情のあるパン屋や和菓子屋、花屋にお買い物に行くのが好き。ちょっとした買い物はできるだけ身軽に行きたいから、普段から財布としても使っている「CLEDRAN（クレドラン）」のマルチショルダーが相棒です。外側のポケットに、suicaも入れられて便利。付属のお札入れ、携帯とリップ、マスクなど、最低限のものだけ入れています。美容室やネイルサロンなどに行くときも、このショルダーに貴重品を入れて、肌身離さず持っています。

洋服を買いに行くときは、携帯電話や財布などをすっと出せるような格好にするように気をつけています。買い物をして荷物が増えてしまったとき用に、エコバッグも忘れずに持っていきたいですが、お店でもらえるエコバッグも楽しみのひとつ。大きなバッグは、買い物の邪魔にもなってしまうので、このくらい身軽な方が動きやすいです。試着もたくさんしたいので、上下わかれた服をチョイス。たくさん歩くので、スニーカーも必須です。

ODEKAKE STYLE

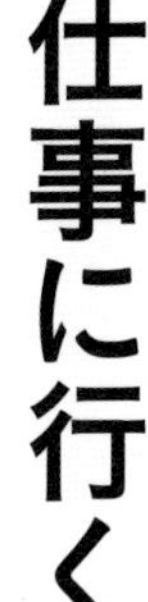

小物までブラックでまとめた仕事スタイル

たっぷり入る「Ense」の革トートバッグには、最低限のメイク道具（ワックス、ファンデーション、リップクリーム）と、一眼レフのカメラを。ドット柄の折り畳み傘は晴雨兼用で、「Loiter（ロイター）」のもの。

仕事に行くときには、自分らしいスタイルを崩さずに、仕事相手に好感を持っていただける、そしてきちんと感の出るようなコーデにすることを大切にしています。そんなときに活躍するのは、場所を選ばずに使える「Ense(アンサ)」のトートバッグ。たくさん入るので、仕事のオフショットを撮ってもらうための一眼レフや、折り畳み傘を入れても余裕があります。

「ゆきふいるむ」の撮影のときは自分でメイクをしているので、最低限のメイク道具も持っていきます。まとめ髪にするためのワックス「LUCIDO-L（ルシードエル）」のマルチアレンジスティック、生え際に塗ると小顔効果のある「Fujiko（フジコ）」のdekoシャドウ、ナチュラルメイクをさらっと時短でやりたいときに役立つ「SPICARE（スピケア）」のV3エキサイティングファンデーション、「ettusais（エテュセ）」のアイブロー、「CHANEL（シャネル）」のリップクリームは欠かせないアイテムです。

仕事の打ち合わせには、「and R（アンドアール）」のワンピースに「Elegance se（エレガンセーゼ）」のストールを合わせ、「CAMINANDO（カミナンド）」のブーツ、「BJ CLASSIC COLLECTION（ビージェイクラシックコレクション）」の眼鏡で、きちんと感のあるブラックのワントーンコーデ。

子どもの行事に出る

「TIDEWAY」のボストンバッグに、「BJ CLASSIC COLLECTION」の眼鏡、「MARGARET HOWELL（マーガレット ハウエル）」のスカーフ、「CLARINS」のFix' Make-Up、「コスメデコルテ」のリップを入れて。

きちんと感を出せるトートバッグ

年を重ねると、保護者会や授業参観などの子どもの学校の行事、親戚の集まりといったきちんとした場に行かなくてはいけない場面が増えていきます。そんなときに活躍してくれるのは、クラシックな革バッグ。「TIDEWAY（タイドウェイ）」のボストンバッグは、夫と共有しているもの。A4サイズのファイルも入れられるので、重宝しています。

バッグの中は、メイクをさっと直せる「CLARINS（クラランス）」のフィニッシングミスト、「コスメデコルテ」の口紅を入れて。眼鏡や控えめながら存在感のある、「Elaborate（エラボレイト）」のシルバーピアスでをつけて、きちんと感を演出。シルクのスカーフを首元に巻くこともあります。

バッグのクラシックな雰囲気に合わせて、足元には「CAMINANDO」のレザーブーツ、きれいな色だけど派手すぎないワンピースで、上品なコーデに。いい意味で嫌味がなくその場で浮かない、これ見よがしにならないような服装を心がけています。

きれいなマスタードカラーのワンピースは、「LILOU + LILY（リルアンドリリー）」のもの。足元には「CAMINANDO」のブーツを合わせて。

夫とおでかけ

「CLEDRAN」のクラッチに、「SHIRO」の香水、「グレンロイヤル」の財布、リップ、「SPICARE」のファンデーション、「TO/ONE」のリップ、「OSAJI」のグロス、「ナリン」のハーブオイルを。

クラッチバッグでおしゃれ度アップ

最近は夫と休みが合わず、なかなかゆっくりデートができませんが、時間があるときはいつもよりちょっとおしゃれして、美術館デートに行きたいです。「CLEDRAN」のがま口ポシェットは2WAY仕様になっていて、ベルトを外すとクラッチに。小ぶりなのですが、マチがしっかりあってコロンとした形で、シンプルななかにどこか女性らしさがあります。

財布を薄い「GLENROYAL（グレンロイヤル）」のマネークリップに変え、ファンデーションとリップの最低限のメイク直しをする化粧品、そして香水を入れて。「SHIRO（シロ）」のフリージアミストは、甘すぎないやわらかい香り。ほのかに香らせて、少しドキドキしながら1日を楽しみたいです。

比較的甘めのドットワンピースやポンポン付きのベレー帽で女子力を出しながらも、自分らしさをプラスしたいので、メンズライクなカーキ色の変形トレンチを合わせることで、バランスを取っています。

「ichi（イチ）」のセパレートトレンチコートとドットワンピースに、「Repetto（レペット）」のTストラップパンプス、「LAULHERE（ロレール）」のベレー帽を合わせたデートコーデ。

家族でハイキング

動きやすくてかわいい、アウトドアスタイル

夫とお揃いの「STANDARD SUPPLY」のニュータイニーデイパックに、水筒、スプレータイプの日焼け止め、扇風機を入れて。山は急な天候変化があるので、「Loiter」のタータンチェックの折り畳み傘も忘れずに。

子どもが小さいときはよく、ハイキングやテントを張ってキャンプに出かけていたくらい、アウトドアは大好き。最近はなかなか行けませんが、ロープウェイに乗って登るような、気軽なハイキングにはいつでも行きたいなと思っています。

ハイキングには両手の空くリュックサックが便利。「STANDARD SUPPLY（スタンダード サプライ）」は、軽くてたっぷり入るし、サイドには水筒を入れられます。「MIEUFA（ミーファ）」のフレグランスUVスプレーは、肌はもちろん髪にもつけられる日焼け止め。髪も日焼けして痛むので必須。さわやかな香りで、自然の中でもなじみます。

軽めのアウターと帽子に、本格的なアウトドアブランド「Columbia（コロンビア）」のアイテムを取り入れたのがポイント。アウトドアのアイテムは、タウンユースにできるかわいいデザインのものが多いので、これからも積極的に取り入れたいと思っています。

アウトドアブランドの「Columbia」のアウターとバゲットハット、「Libra（リブラ）」のニット、「H BEAUTY & YOUTH（エイチ ビューティ＆ユース）」のパンツ、SUPERGA（スペルガ）のスニーカーで動きやすいコーデ。

旅に出る

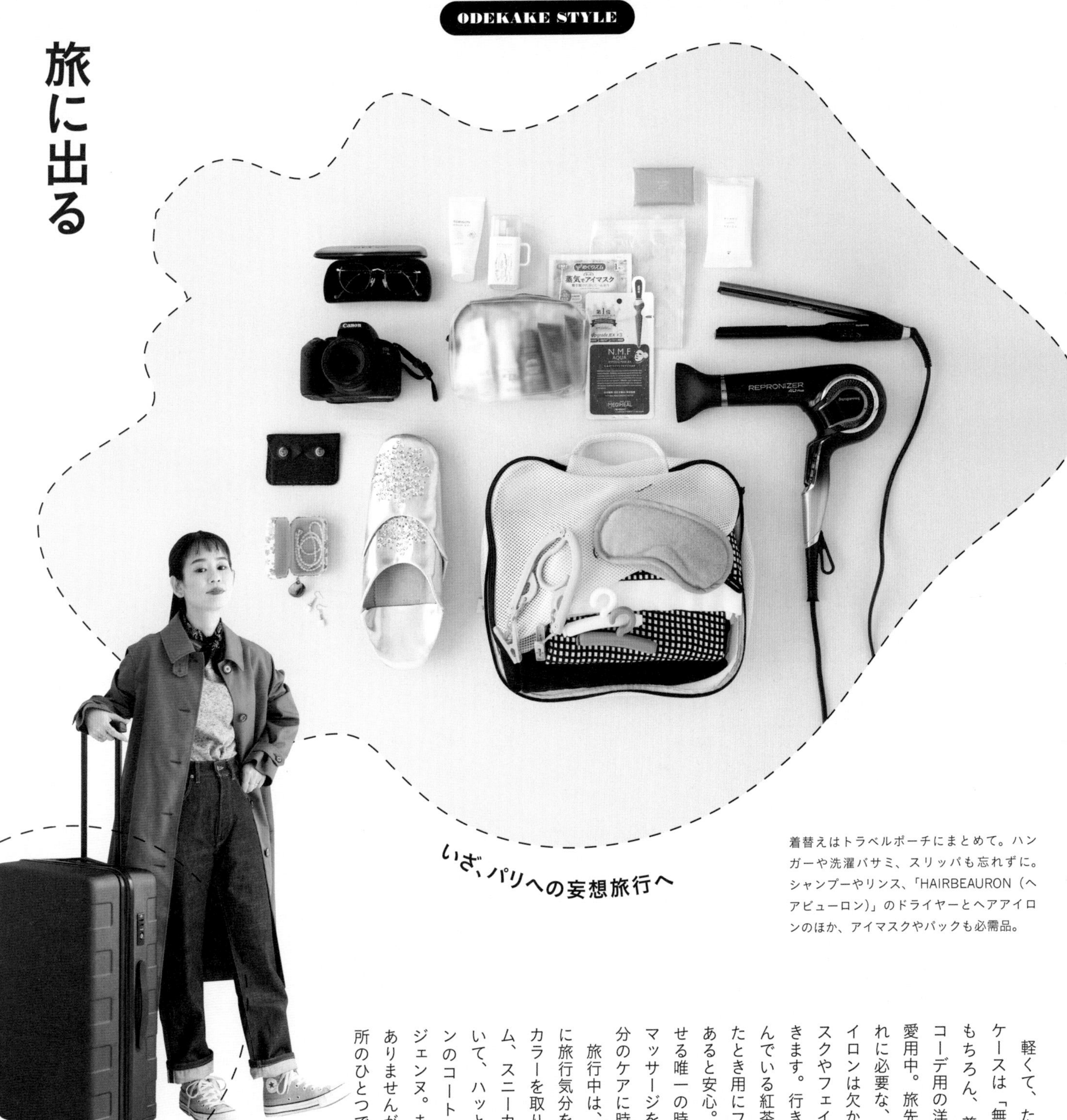

いざ、パリへの妄想旅行へ

着替えはトラベルポーチにまとめて。ハンガーや洗濯バサミ、スリッパも忘れずに。シャンプーやリンス、「HAIRBEAURON（ヘアビューロン）」のドライヤーとヘアアイロンのほか、アイマスクやパックも必需品。

軽くて、たっぷり収納できるスーツケースは「無印良品」のもの。旅にはもちろん、普段の撮影のときにも、コーデ用の洋服など荷物を入れるのに愛用中。旅先には、ロングヘアの手入れに必要な、ヘアドライヤーとヘアアイロンは欠かせません。ホットアイマスクやフェイスパックも必ず持って行きます。行き先が海外なら、いつも飲んでいる紅茶や、日本食が恋しくなったとき用にフリーズドライの味噌汁があると安心。旅行中は、家事を放り出せる唯一の時間で。ホテルではオイルマッサージをしたり、いつも以上に自分のケアに時間をかけたいです。

旅行中は、動きやすさが大切。さらに旅行気分を上げるために、ビタミンカラーを取り入れて。ボーダーとデニム、スニーカーに、首にスカーフを巻いて、ハッと目の覚めるようなグリーンのコートを羽織れば、気分はパリジェンヌ。まだパリには行ったことはありませんが、いつか行ってみたい場所のひとつです。

「MACKINTOSH PHILOSOPHY（マッキントッシュ フィロソフィー）」のコートに、「SAINT JAMES（セントジェームス）」のボーダーTシャツ、「BLACKHORSE LANE ATELIERS（ブラックホース レーン アトリエ）」のデニム。

いつものメイク

持ち歩きたい、化粧ポーチの中身の定番

しっかりだけどナチュラル いつものメイクの リピートアイテム

基本的にメイクはしっかりしますが、ナチュラル感や抜け感がしっかり残せるアイテムを選ぶようにしています。新しい化粧品は、クチコミを参考に購入することが多いです。

普段のメイクは、まずはトーンアップと日焼け防止に「LANCOME（ランコム）」の化粧下地を塗ります。すぐになじんでくすみを飛ばしてくれるので、ファンデーションを使わないこともありますが、基本は「LANCOME」のリキッドファンデーションを上に重ねます。「OSAJI（オサジ）」のコンシーラー、「M・A・C（マック）」のハイライトをブラシに取り、Tゾーンやあご、唇の下、目の周りにつけて、立体感を出します。アイシャドウは、「OSAJI」の2色のどちらか、「KATE」のデザイニングアイブロウは2色を混ぜて使います。チークは「CLINIQUE（クリニーク）」の紫かオレンジをリップの色に合わせてチョイス。下地代わりに「CHANEL(シャネル)」のリップを塗ってから、「MAYBELLINE NEW YORK（メイベリン ニューヨーク）」の口紅か、「LANCOME」の口紅を塗って完成です。「Curel」のリップバームを寝る前に塗って、ラップをかけて5分ほど保湿する、唇のケアも欠かしません。

いつものメイク道具を使って、気分に合わせたメイク

1. 春のメイクは明るい色を使って、ふんわりかわいく仕上げます。普段はチークに使うオレンジ系の「CLINIQUE」のチーク ポップ ソルベポップ20を目元に使うと、ナチュラルだけど華やかな雰囲気に。

2. 夏によくするメイク。より健康的な雰囲気に見せたいとき、目元に「M・A・C」のハイライトを乗せることで、嫌味のないつや感が出ます。女性らしさとヘルシー感の両立を目指しています。

3. 秋冬によくするメイクです。アイメイクはしっかりめに、口元はグロッシーにして、優しさと温かさを出しています。

いつものメイクとはひと味違う、目元のカラーがアクセント

マスクをして口元が隠れているときこそ、目元にポイントのあるメイクを楽しんで。やわらかなピンクのニットに合わせて、目元には赤いアイライナーを引いて、上まつげには赤と相性のいい、ピンク色に近いバイオレットのマスカラをプラス。かわいい目元に仕上げました。

使用アイテム

「CHANEL」のフェイスカラー「ボームエサンシエル トランスパラン」。頬やまぶたなど、肌につや感を出してくれます。

「RMK」のアイズ＆リップライナー「パウダーチップ アイズ03」。発色のいい赤色。クリーミーな質感で、ラインを引きやすい。

「RMK」のWカラーマスカラ 03のブルーバイオレット。上まつげと下まつげに別の色を塗って、大人の遊び心のある目元に。

着物で お出かけ

お正月などは少しかしこまった気分で、着物を着て家族とおでかけするのが恒例。いつも利用しているお店「浅草レンタル着物　和楽」で、着物を借りて浅草散歩を楽しみます。

ファッションでも大正、昭和時代ののレトロなスタイルが好きで、着物を着ると凛とした気分になり、日本人でよかったなと思います。自分で買うのは難しいですが、レンタルなら気軽。一昨年のお正月から、レンタル着物を楽しむようになりました。いつも利用している「和楽」さんはとにかくリーズナブルで、「街歩きレンタルプラン」では、着物や小物のレンタル、着付け、ヘアセットのほか、荷物も預かってくれて3，500円。着物や小物もおしゃれでかわいいものが揃っていて、おすすめです。

当日直接行っても大丈夫ですが、私はネットで予約してから行きます。多いときは1日に50人ほど来店されるそうなので、豊富な種類から選びたい方は、早めに行くのがおすすめ。受付をしたら、着物、帯を選びます。迷ったらスタッフの方にアドバイスしてもらうこともできます。私は必ず半襟も柄物を選んで、組み合わせを楽しんでいます。そのあと、小物のセレクト。カジュアルなかごバッグを選びましたが、きれいめなスタイルにしたいときは、自分のバッグを使うこともあります。選んだら早速着付け。熟練のスタッフが10分ほどで着付けしてくれたら、ヘアセット。アップにするかハーフアップにするかなどの希望を聞いてくれます。髪飾りはかわいいものが揃っていますが、手持ちのものを使ってもらうのもおすすめ。17時半まで借りられるので、街歩きを十分に楽しむことができます。

浅草レンタル着物　和楽
東京都台東区浅草1-33-10プチKビル2階
TEL:03-5830-6265
営:9時半〜18時（受付は17時まで、17時半までに返却）
休:不定休　https://waraku-asakusa.com

着物レンタル（着物、帯、長襦袢、肌着、髪飾り、和装バッグ、草履、足袋）、着付け、ヘアセット
街歩きレンタルプラン　3，278円（WEB予約限定価格）
帯留め、羽織、ショールはオプションでレンタル可能。

100着以上の着物のなかから、気になるものどんどんを選びます。どの着物を選んでも同じ価格なので、安心。プラス料金で羽織も。

小物も豊富。バッグも巾着から、カジュアルなかごバッグまで揃います。数が限られているので、早い者勝ち。気に入ったものを素早く確保して。

さまざまな色の帯が並ぶなか、選んだ着物に合いそうな帯を手に取り、合わせていく。コーディネートに悩んだら、スタッフに相談も。

うれしいのは、ヘアセットもしてもらえるところ。髪型はおまかせで、100種類以上の髪飾りから好きなものを選ぶことができます。

半襟はシンプルなものから、ドット柄や刺しゅうのものまであり、色のバリエーションも豊富。ちらりと見えるのがかわいいので、いつも柄ものを選びます。

草履はレディースのサイズが基本的に2種類。足袋も全て貸し出してくれます。足が小さいので、キッズ用も用意されているのがうれしいです。

yukiが選んだ着物と小物のコーディネート

①チェック柄がかわいい、帯が映えるような着物コーデ。落ち着いた色合いの花柄の着物に合わせて、足元もかわいらしく。グリーンのかんざしが、アクセントに。

②やさしい色合いのピンクの着物には、シルバーと黄緑色のリバーシブルになった帯を合わせて。ちらりと裏地の黄緑色を見せることで、ポイントになります。髪飾りもシルバーに。

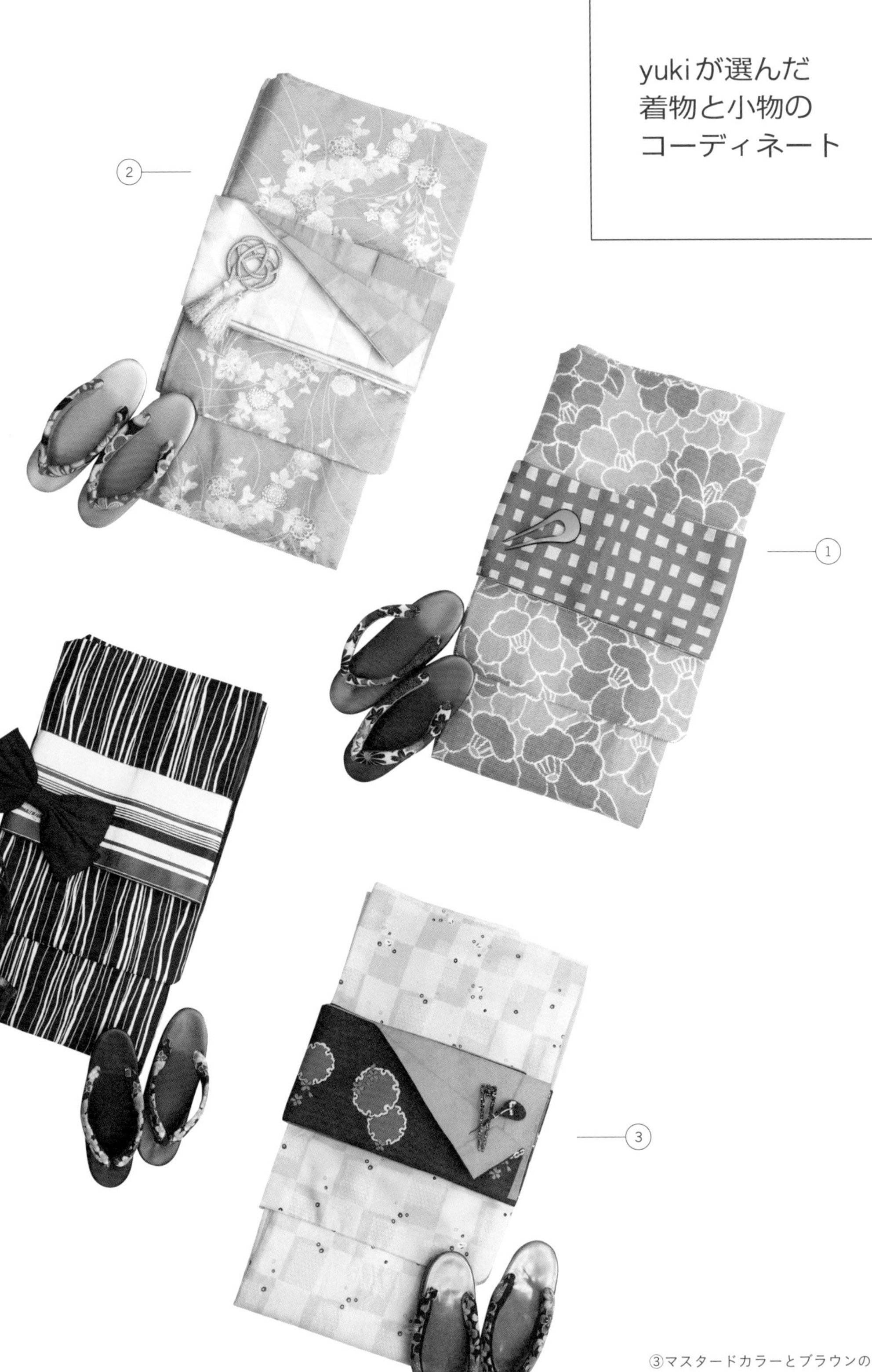

④モダンなブラックストライプの着物に、ピンク色の効いた帯がおしゃれ。かごと髪飾りも、ブラックでまとめて。大きなリボンの髪飾りは、シンプルにまとめた髪につけてもよさそう。

③マスタードカラーとブラウンの、落ち着いた色合いの帯がポイントのコーデ。小さなうさぎがプリントされた着物がかわいらしい雰囲気。髪飾りのオレンジ色の花もぴったりです。

⑤ブルーとピンクを効かせたコーデ。きれいなブルーの花柄の着物に、ブラックの効いたモダンな雰囲気の帯を合わせて。帯と髪飾りと草履の色のトーンを合わせるとまとまります。

⑥シンプルな着物に合わせた、猫柄の帯が主役のコーデ。かわいらしい猫を引き立てたいので、バッグと草履はシンプルで大人っぽいものを選んで。大人かわいいコーデです。

お正月などの節目に着る着物

2020 年のお正月は、ピンクの華やかな着物を選んで。帯をネイビーの格子柄にしたことで、落ち着いた甘くなりすぎないコーデに。

2021 年のお正月には、シックな柄の着物を着て大人の雰囲気。着物も羽織も花柄ですが、色のトーンを合わせることで統一感が出ます。

yuki の

お店図鑑

YouTubeチャンネル「ゆきふぃるむ」の中でも、特に反響のある「お店図鑑」。私が気になっているブランドのお店に行き、実際に試着をしながら、買い物するだけではなかなか聞けない話をお店の方から聞いて、その魅力をぎゅっと凝縮してお伝えする企画です。今回はその誌面版。私と一緒に買い物をしている気分で楽しんでください。

1.

SIRI SIRI

モダンなデザインを
日本の工芸で表現する
主役のジュエリー

お 店 図 鑑

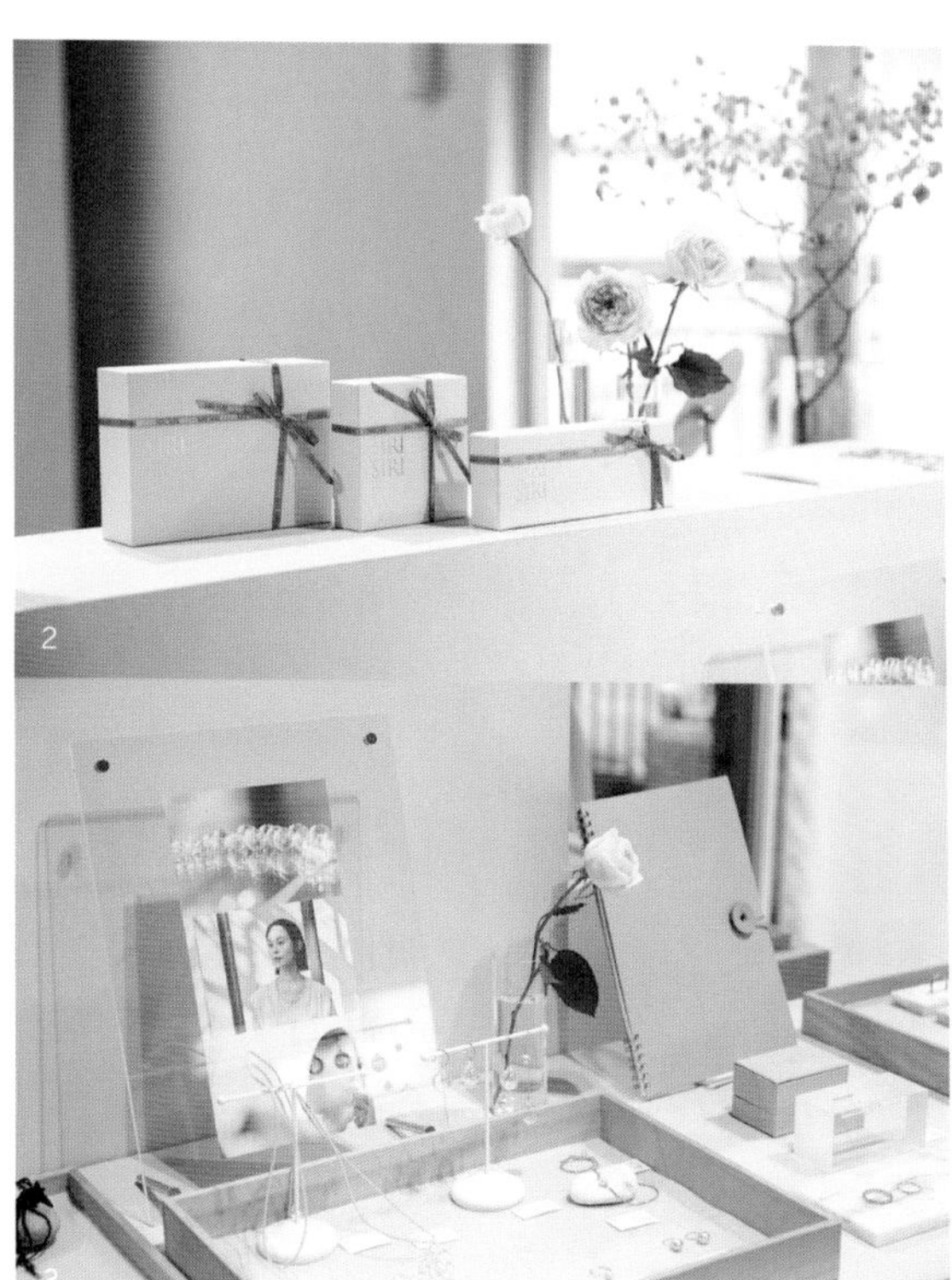

1. ガラスの表面をカットした細工切子が美しい「KIRIKO」と、「DOTS」のガラスのヘアタイ。2. ギフトボックスも素敵。3.「ほぼ日」と一緒につくるパールジュエリーも。

1. ガラスの球体を繋いだネックレス「CLASSIC Necklace SPHERE SATIN」。シャボン玉のよう。2.3. 一番ときめいたのが、レースのような繊細さが美しい「ARABESQUE」のブレスレットとピアス。4. 国産の高品質のアクリルを使った、「SUGAR CUBE」のネックレスとリング。

SNSでガラスのアクセサリーを見て、すごくかわいいと思っていたブランド「SIRI SIRI（シリシリ）」。デザイナーの岡本菜穂さんは、現在スイス在住。帰国されているタイミングで、デザインのお話を伺うことができました。

「建築を勉強していて、建築やインテリアで使う素材で、普段使いできるジュエリーを作りたいと、2006年にスタート。かごやガラスのコップなど、普遍的で女性が好きなアイテムに着想を得たジュエリーは、愛着を持って使っていただけると思ったんです」（岡本さん）

もともと工藝が好きだったという岡本さん。デザインしたジュエリーは、国内の技術の高い職人さんに作ってもらっているそう。洋の雰囲気のあるジュエリーが、日本の工藝からイメージされたものというのは意外でした。

「実際に見ると、職人さんの技術のすごさがわかるので、手に取って見てください。例えば「SPHERE STRIPE / SATIN」シリーズは、日本に2人しかいない砂時計の職人による制作。ガラスは球体になると強度が増す特性があるので、意外と丈夫。空洞になっているので軽いんですよ」

こだわりがディテールに反映された、美しいジュエリーは、身につけてみるとすっと背筋が伸びるよう。ドレスアップしたとき、服に負けず、一緒に引き立ててくれるような存在感があります。

そんな中で私が一番気に入ったのは、銀糸を針金に巻いた素材で編まれた「ARABESQUE」のブレスレット。なかなかサイズの合うものがなく、腕の上で泳いでしまうことがあるのですが、これならつけたい場所につけることができます。サイズのオーダーもできるそう。

「日本はものづくりの国。外国に暮らしていると、日本の職人たちが制作に魂を込めて作っていることがよくわかります。ユーザーも工藝に対してリスペクトがあり、ストーリーに共感する文化があると思います」

私もものに対する考えや購入の仕方を考えはじめたところ。改めて日本の工藝文化の素晴らしさを実感しました。

SIRI SIRI

東京都港区赤坂 7-6-41 赤坂七番館 102 号室
TEL：03-6821-7771
営：13:00 〜 19:00
休：月・火・祝
https://sirisiri.jp

2.

BLOOM & BRANCH

yukiの好きな世界観が広がる、衣食住のセレクトショップ

お 店 図 鑑

1,「Phlannèl 」のスタンダードライン、「PHLANNÈL SOL」のシャツワンピースは、甘すぎない雰囲気で着やすい。2.. ヨーロッパのヴィンテージのような雰囲気の「R&D. M.Co· (アール＆ディーエムコー)」のコートを試着して。

1.「Brift H（ブリフトアッシュ）」の靴磨き職人に、靴のトータルケアを依頼できます。2. 刺繍が美しいサーミ族のブレスレットは、「MARIA RUDMAN（マリア ルドマン）」のもの。3. 天然の釉薬を使った青色の器が代表作の陶芸家、小野象平さんによる器。

以前から好きで、よく訪れている「BLOOM&BRANCH（ブルーム&ブランチ）」は、レディースもメンズも揃っていて、夫と一緒に買い物を楽しめる貴重なお店。衣食住のセレクトショップですが、本格的なネルドリップコーヒーが味わえる「COBI COFFEE（コビ コーヒー）」も併設。入り口に並べられた、ひとつひとつ表情の違う器も気になります。「ディレクターが器に魅了され、本気で取り組んでいるので、作家さんからの信頼も厚いですね。私たちも器屋さんレベルで接客ができるように勉強しています」とプレスの西村佳純さん。

オープン時から企画運営を手がける「Phlannèl」のスタンダードライン、「PHLANNÈL SOL（フランネル ソル）」のシャツドレスはシンプルなデザイン。透明感をぐっと上げてくれそうなきれいな黄色にひと目惚れしました。

「独特のカラーパレットを持っていて、着やすくてなじみやすい、身体にも心にもやさしい色が特徴なんです」

生地にこだわった、オリジナルブランド「KIJI（キジ）」のデニムジャケットもメンズっぽくなりすぎないデザインが魅力的。ユニセックスで展開しているものが多く、バスクシャツなど、夫とお揃いも共有もできそうなベーシックなアイテムも豊富。着る用途に合わせて、ジャストサイズでなくメンズサイズを選んだり、自分らしく着られるサイズが見つかるのもうれしいところです。

セレクトされている洋服やアクセサリーも、大人の雰囲気でまさに私好み。前ページで訪れたジュエリーブランド「SIRI SIRI」をはじめ、こだわったデザインながらも日常の服になじむ、シンプルなアクセサリーがたくさん。革靴やレザーバッグは、磨きだけでなく修理の相談ができるほか、自分でケアできるようなクリームや道具も揃っています。

「他店で購入されたものでもご相談いただけます。経年変化を楽しんでいただけるようなアイテムを取り揃えているので、長く愛して、使い続けていただけるとうれしいですね」

BLOOM&BRANCH AOYAMA

東京都港区南青山 5-10-5 第 I 九曜ビル 101
TEL：03-6892-2014
営：11:00 ～ 20:00
休：不定休
https://bloom-branch.jp

さわやかなトラッドアイテムをチェック

3. Traditional Weatherwear

ルミネ横浜店

神奈川県横浜市西区高島 2-16-1　ルミネ横浜店 2 階
TEL：045-577-0174
営：11:00 - 20:00
休：無休
https://www.tww-uk.com

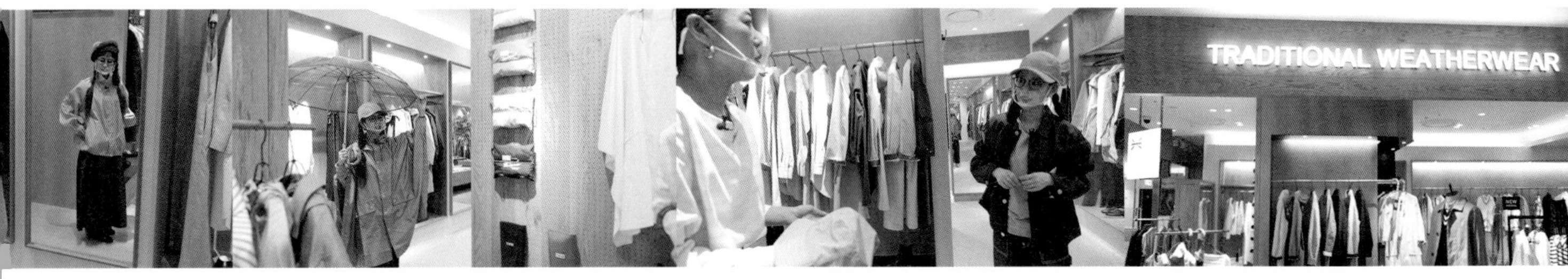

トラッドスタイルが好きな私が愛用する「Traditional Weatherwear（トラディショナル ウェザーウェア）」は、英国マッキントッシュ社のデイリーウェアブランド。カジュアルにも、カチッとしたスタイルにもどちらにも合うアイテムが見つかります。アウトドアだけでなくデイリーにも使えて、家族で共有できそうなカジュアルなキャップや、バッカブルのポンチョ、シルエットを変えて着られる白シャツなどの洋服から、サイドゴアブーツ、バンブーハンドルの傘まで、さまざまなアイテムをじっくりと試着。例えばシャツは半袖でレイヤードできるベストと一緒に合わせて提案してくれるので、手持ちのものとの合わせも想像でき、一式まとめて欲しくなるくらい。コーディネートの幅が広がり、楽しい気持ちになります。服はもちろん接客も心地よく、行く度に癒されるお店です。

＼これを買いました！／

ハイウエストのベルト付きワイドパンツ。ハリ感があり、マニッシュなスタイルに。

ブリティッシュアイテムを探すなら

4. BRITISH MADE

青山本店

BRITISH MADE 青山本店
東京都港区南青山 5-14-2 Kizuna ビル 1,2F
TEL：03-5466-3445
営：12:00 ～ 20:00　休：火
https://www.british-made.jp

「お店図鑑」では2回訪れている「BRITISH MADE（ブリティッシュメイド）」。1981年創業のスコットランド発祥の上質なデイリーウェアブランド「macalastair（マカラスター）」や、都内ではなかなか扱いのないデニムファクトリーの「BLACKHORSE LANE ATELIERS（ブラックホース レーン アトリエ）」、スコットランドのレザーグッズブランド「GLENROYAL（グレンロイヤル）」など、正統派の上質なアイテムが揃います。メンズもあるので、夫と共有できるトップス探しにもぴったり。

かばんの中のスリム化をしたくて選んだ薄型の財布、「GLENROYAL」のマネークリップは、お気に入りのサッチェルバッグ（P.66）とお揃いで使いたいと購入。ブライドルレザーと呼ばれるロウ引き革は、磨きをかけてから渡してもらえます。夫へのプレゼント探しにも。

＼これを買いました！／

「GLENROYAL」のスリムなマネークリップ。小銭入れが外についていて、便利。

カジュアルからフォーマルまで使える革靴

5. Jalan Sriwijaya

日本橋高島屋S.C本館ガレリア

東京都中央区日本橋 2-4-1
本館ガレリア 1F
TEL：03-6281-8400
営：10:30～19:00　無休
http://www.jalansriwijaya.com

もともと愛用していた革靴のブランド、「Jalan Sriwijaya（ジャランスリウァヤ）」の日本初の直営店。つま先がシャープな細長いデザインが特徴で、小さいサイズからあるのもうれしい。隣にある直営の修理店「GMT Factory」で、インソールを購入してサイズの調節が可能。種類も色も豊富な革を選んで、オーダーすることもできます。

＼これを買いました！／

足先の穴飾りが、クラシックなメリージェーン。カラーオーダした1足。

普段使いできるアウトドアアイテム

7. Columbia

原宿店

東京都渋谷区神宮前 5-11-11
TEL：03-6418-8140
営：11:00～20:00
休：無休
https://www.columbiasports.co.jp

アウトドアに再挑戦したいと思い、訪れたのは「Columbia（コロンビア）」原宿店。機能性がありながら、アウトドア初心者にも一歩踏み出しやすいアイテムが豊富。特に「ESCAPE with Columbia」は、女性らしく計算されたデザイン。歩いてすぐの場所にあるライフスタイルストアは、「SOREL（ソレル）」の靴を全国一揃えています。

＼これを買いました！／

独自の防水透湿機能を使ったモッズコート。タウンユースできるデザインが◎。

遊び心のあるデザインのバッグ

6. Ense

奈良県奈良市中新屋町 21-1
TEL：0742・93・5241
営：11：00・18：00
休：月・火
https://ense.jp

「お店図鑑」初めての関西編で訪れたのは、上質な革を使った、こだわりのデザインのバッグが魅力のブランド「Ense（アンサ）」。2WAYで使えたり、マグネットで開閉できたりと使い勝手もよいバッグがずらり。使うときだけでなく、置いているときもかわいいデザインを心がけているそう。ほかにも洋服やジュエリー、アンティークの販売も。

＼これを買いました！／

夏にも使える革バッグ。このだけで、シンプルなスタイルもおしゃれに見えます。

きちんと感のあるモダンジュエリー

8. les bon bon / IRIS 47

https://iris47.net

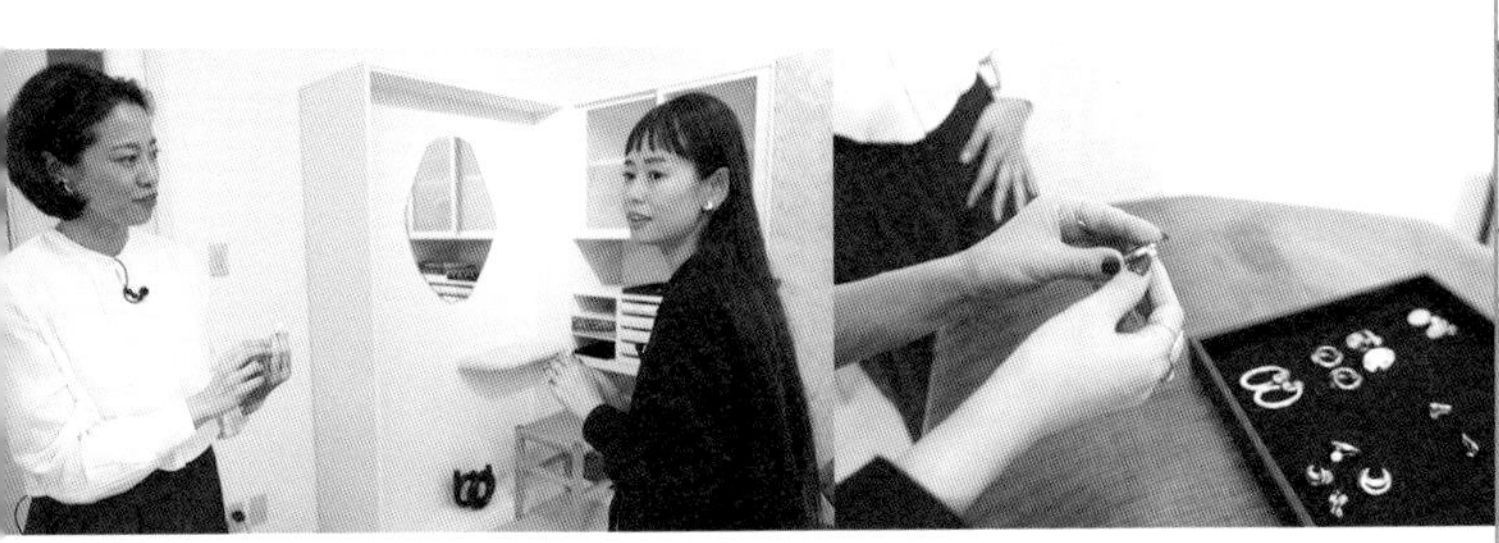

ジュエリーブランド「les bon bon（ルボンボン）」と「IRIS 47（イリス47）」のショールームでは、肌馴染みのいいピンクゴールドのネックレスや、クラシックな雰囲気のカチューシャなどを試着。中でも土台が細かく調節でき、耳が痛くなりにくいイヤリングに感動。きちんと感が出る大人のジュエリーにたくさん出合えました。

＼これを買いました！／

耳たぶの厚さに合わせられ、1日中つけても痛くならない「IRIS 47」のイヤリング。

yuki takahashi
愛服家。「ZOZOTOWN」専属モデルを経て、フリーのモデルに。
身長 152cm という小柄な体型を活かし、
バランスよく着こなすスタイルが人気。
Instagram：@yuki_takahashi0706
YouTube：ゆきふいるむ

cooperation：Kouji Tsujimoto、Kotoe Tsutsumi（Tryout）
producer：Chinami Hanamoto（FUSOSHA）

design　Shoko Mitsuma
photograph　Tomoya Uehara（P2～8、P10～12、P14～15、P18～21、P56～57）
Kozue Hanada（P9、P13、P16～17、P26～91）
Ataro Dojyun（Tryout）（P92～93）
hair & make-up　Arina Nishi（Cake.）
edit & text　Mayumi Akagi、Kaoru Adachi

FILM　かわいい大人のおしゃれの楽しみ
発行日　2021 年 4 月 26 日　初版第 1 刷発行

著者　yuki
発行者　久保田榮一
発行所　株式会社 扶桑社
〒 105-8070
東京都港区芝浦 1-1-1　浜松町ビルディング
電話　03-6368-8885（編集）
03-6368-8891（郵便室）
www.fusosha.co.jp

印刷・製本　大日本印刷株式会社

Printed in Japan
ISBN978-4-594-08787-6